從街邊店到移動攤車，品牌定位、設計、製作一本全解

圖解 吃喝小店攤設計

【暢銷更新版】

漂亮家居編輯部 著

目 錄
contents

前言
foreword

2015 年 10 月，漂亮家居出版了《設計師不傳的私房秘技：吃喝。小店空間設計 500》，探索我們不那麼熟悉的領域，也因此發現了一個新世界，在數位、聯網、虛擬當道的世代，仍有人投入以實體空間為核心的「空間創業」，在重視「吃」的臺灣，選擇餐飲為創業試金石的人前仆後繼。每個人心裡要的不見得相同，但透過飲食這個容易為大眾接受的命題，試著去接近想做的事，想過的生活，想傳遞的價值觀，是新一代創業者實踐自我的一種方式，既能賺得到應得的收入，又能照自己的規則生活。

商業空間設計，思考的層面遠比私人住宅來得複雜，即使是一個小攤子，都有很多學問。本書在《吃喝。小店空間設計 500》的基礎之上，再試圖往門檻更低的小攤探索，編輯團隊採訪了三十多組吃喝小店老闆、設計師、設備廠商及製作攤車的專業人士，試著盡己能所將散於眾人的智慧結晶彙整，提供有志投入吃喝小店攤主身分的人一本具參考價值的工具書。先從分析店攤的形式開始，接著拆解每個細部設計要注意的地方，搭配實例說明，並整理出開一家店從無到有的過程，以及三十多家小店攤主的專訪分享，希望能幫助想開店的人，作為一個敲門磚。

謀生從來都是一件需嚴肅以對的事，因此，更要做讓自己開心、願意心甘情願投入也不會抱怨累的事。這次採訪過程中，在多位小店老闆口中聽到，最初向家裡的人描述想開的店時，多半得到不看好或是反對的聲音，不是覺得書念這麼多開小吃店大材小用，就是店不是這樣開的、想那些有的沒的對生意沒幫助……，但這些小店攤主仍是堅持下去，把店的樣子和態度做出來，一步一步學著經營，當生意漸入佳境之時，最初反對不看好的長輩終於認同，這是一個動人的里程碑。

創業和空間設計竟有這般異曲同工之妙：在沒有落實之前，再多的創意、想法都是縹緲虛幻的空談想像。經歷疫情，本書改版發現當年採訪店家有從攤成店，也有退場，比例高於市場常聽到的成功率。但願本書能夠作為每位未來的小店老闆，成就事業的起點。

PART 1

吃 喝 小 店 攤 類 型

移 動 或 固 定 ， 設 計 各 有 機 關

「賣吃的」除了口味為人接受、食材新鮮安全、外帶便利、盛盤美觀之外，店攤的設計要如何在街角路邊脫穎而出，吸引食客的目光，決定停下來購買，同時兼具作業便利性、耐久的生財器具，需從販售的料理菜色決定烹調器具、是否有水電，是要跑點擺攤還是固定地點，移動的交通工具是什麼，要用餐車還是用機車附掛移動方式，不論只是一個小攤子，或是一間 10 坪的店面，要思考的細節本章節一一彙整。

TYPE1　　可移動式

可收式攤車
人力型推車
後置式三輪車
前置式三輪車
附掛式攤車
兩輪腳踏車式攤車
餐車

TYPE2　　固定式

吧檯式店面
櫥窗式店面
貨櫃改造店面
特殊造型

type 1
可移動式

可收式攤車

·

便於收折移動接榫要牢固

·

攤車是美食小吃的核心舞台，沒有一個固定店面的後勤空間，所有夾縫都藏滿各種機能，但為求更俐落與美觀，必須回歸設計的基本原則「整理術」，將機能統整並適度美化，至關緊要。價目表重新羅列出主打的食材品項和價格，客人一目了然。同時，把不需要被看見的東西（如照明、電線、插座）等，一一收拾乾淨，收納到處處藏有設計巧思的餐車裡，餐車的台面上的收納更加有效，下方暗藏的冷凍功能和抽屜小櫃，使保存食材鮮度並方便補料。在固定的時段使用右側空間的前段，餐車的收納與進出便成為重要關鍵。

速配餐點

各種冷、熱小吃，涼水冰品，蔬果生鮮，五穀雜糧等都適合。

過來人建議：料理品項少而精緻，加深顧客印象，也方便事前備料，掌握份數。

適用材質

木作、不鏽鋼或者混合使用都常見，如有明火烹調要注意防火耐熱。

過來人建議：全不鏽鋼材質會導熱，檯面容易造成燙傷，需做隔熱設計。

製作價位

以尺計價，如有特殊造型另計。

過來人建議：需確認報價所含內容，如配線、照明、器材設備等。

誰可以做

可找專業木工、鐵工或自己動手做。也有專門製作攤車的廠商，通常討論設計後會出圖面（透視圖、3D）確認。現成品及二手品也有。

過來人建議：一樣的造型但做法會影響耐用度，一定要考慮承重、堅固、禁得起日曬雨淋。

3 設計招牌或價目表,要考慮整體攤車寬度,拆卸式或固定式。

麵線專賣

價目表

1 考量擺攤收攤方便,輪子與固定攤車的方式要慎選。

2 如果各方面條件允許,有個層板方便外帶,還能內用。

type 1
可移動式

人力型推車

·

簡便精用空間需考慮總重

·

這種類型的攤車，是昔日逡巡於大街小巷的傳統小食攤常見的形式之一，帶著濃濃的手作人力懷舊感。因全靠人力移動，故尺寸通常寬不超過 100 公分，高約至一般人的腰部，以便於站著手和視線就能觸及攤位的每個部分，方便作業，和客人的距離近，互動性也高。販售的餐點最好是料理完成的現成品，或是只需簡單組合即可，通常也不會再附帶太多機關設計或延伸座位的需求，因此外帶的設計會是吸睛重點，把食物放進外帶容器、交給客人到收費，是給客人留下印象的關鍵。至於招牌及價目表，則是越清楚簡明越好，有些甚至還會製造情境音聲，才能在很短的時間內讓過往的人留意並駐足購買。

速配餐點

已做好直接販售的小點心、小吃，不需再花多道工序烹調的類型，如油飯、麵茶、常溫甜點、涼粉、愛玉、飲料、冰淇淋等。

過來人建議：由於推車容量有限，準備的餐點份數受限，需考量效益。若無保鮮設備販售時間不宜過長，避免餐點變質。

適用材質

推車需要經常移動，不鏽鋼製較堅固但相對較重，鋁製輕量化但易因碰撞凹損。輪子以 4 個尤佳，3 個的款式最好其中兩個輪徑大一點推起來較省力。

過來人建議：外覆裝飾各種材質都適用，需考量總重量及造型是否妨礙轉彎移動。

製作價位

一般以尺計價，若有特殊設計另計。也有現成品或二手品販售。

過來人建議：手推攤車通常不大，設計盡量聚焦，讓餐點主題明確，若過多花俏設計不但預算增加，實際使用可能也會妨礙工作動線。

誰可以做

有專門的攤車製造進口商，提供規格品及客製化服務，也可自行設計請鐵工廠製作。

過來人建議：委託製作時，需確認規格尺寸材料及販售商品內容，避免完成之後不合使用，又受限手推攤車限制無法再擴充，只能改用別種形式的攤車。

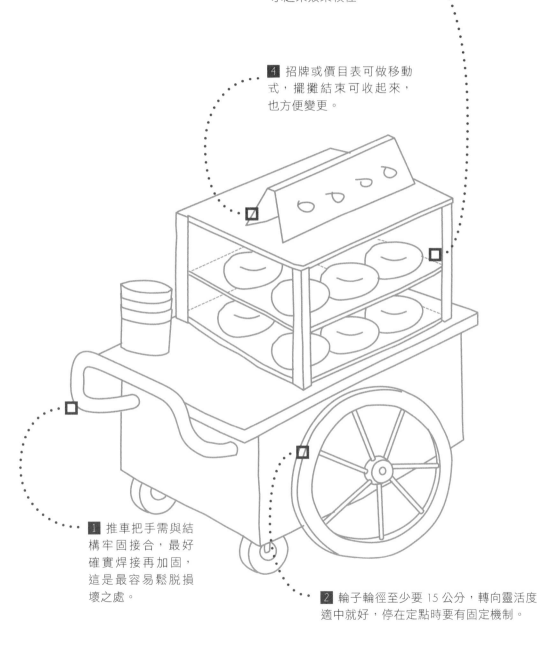

3 空間有限，商品不宜多種，最好是單一產品，展示起來效果較佳。

4 招牌或價目表可做移動式，擺攤結束可收起來，也方便變更。

1 推車把手需與結構牢固接合，最好確實焊接再加固，這是最容易鬆脫損壞之處。

2 輪子輪徑至少要 15 公分，轉向靈活度適中就好，停在定點時要有固定機制。

type 1
可移動式

後置式三輪車

•

設計多元唯前後需平衡

•

踩著三輪車,帶著精心設計的風格小攤,與路上客人不期而遇的交流,這樣的悠閒浪漫是美好的想像,實際上載著餐車跑是體力上的大考驗,騎到定點後,還要擺攤、招呼客人,確實有美好的一面但切勿過度美化這個畫面。在設計這類餐車時,可利用三輪車的特色做出吸睛效果,如果是賣傳統小吃,可用木料染深色搭配復古造型做出仿舊感,若是潮流小食或咖啡,則可利用麻布袋、腰板等營造自然悠閒。將攤子放在車後的設計,比較好控制方向,但要留意前後力的平衡,若後方的攤車過重,不但騎起來費力,也不好控制。

速配餐點

烹調完成的料理或製作過程單純的飲品、小吃,如手沖咖啡、常溫甜品、雞蛋糕、紅豆餅等。

過來人建議:如需保溫,需思考機器設備尺寸及擺攤地點能否接電等問題,通常會用保冷箱。

適用材質

通常車架是鐵上漆或不鏽鋼,再根據營業項目及想呈現的風格決定攤子的材質,有烹調料理行為用不鏽鋼較衛生好清潔,再外包木料、美耐板、鋁合金、燈箱等裝飾用材質。

過來人建議:攤車在外風吹日曬雨淋,要做好防鏽耐候處理。

製作價位

費用包含三輪車和攤子的費用,三輪車有老件修復、復古款式及一般款式,價格視物件而定,攤子多半以尺計價,但通常是根據設備及需求估一個總價。

過來人建議:若是無單價基準的估價方式,為避免雙方認知不同事後糾紛,最好在估價單上清楚條列寫明規格、尺寸、材料等細節,作為溝通依據。

誰可以做

有專門的攤車製造進口商,提供規格品及客製化服務,也可自行購買三輪車,根據尺寸設計造型,找木工製作。

過來人建議:如果是用老件三輪車為車體,修復過程可能會有缺零件的情況,車體結構及輪框輪胎的配合也需注意。

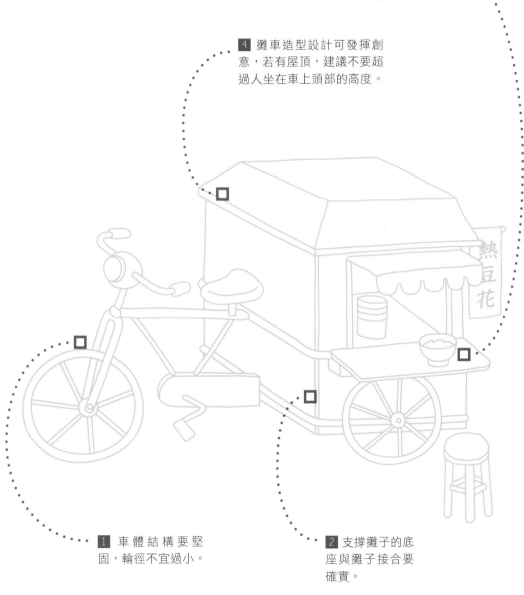

3 可設計活動層板，延伸成作業區或座位區。

4 攤車造型設計可發揮創意，若有屋頂，建議不要超過人坐在車上頭部的高度。

熱豆花

1 車體結構要堅固，輪徑不宜過小。

2 支撐攤子的底座與攤子接合要確實。

type 1
可移動式

前置式三輪車

·

特殊性高設計需注意安全

·

這類型的攤子，有如反過來的三輪車，前面兩輪、後面一輪，攤子放在前面，因此高度絕對不能擋住騎乘時的視線，造型需考慮不妨礙龍頭轉向的靈活動，若只是取其造型會另以貨車運輸，則攤車高度以運輸方便為準。因騎乘舒適度及安全性不如一般單車或後置式三輪車，建議擺攤地點不需長途移動為佳。

由於車型特殊，停在路邊相當吸睛，停在定點時，前方及後方都可再以可拆式附掛攤車延伸，儼然就是一個麻雀雖小五臟俱全的小店。也有電動車款式。

速配餐點

已料理完成或簡單組合、一鍋煮的品項較適合，如中西甜點、關東煮、豬血糕、咖啡等。

過來人建議：因前置式騎起來較不好控制方向，考慮安全攤子不宜過高過大，故不建議販售需要太多設備器材料理的食物。

適用材質

攤子的材質最好輕量化，常見夾板、鋁合金等，基礎可運用箱、盒的概念規劃，上方即是作業平台或加上展示櫃。

過來人建議：如有加熱或明火烹調，要注意隔熱避免自己或客人燙傷。

製作價位

這類型攤車多半是客製化，以一式計價為主，特殊附掛物或招牌等另計。

過來人建議：由於以一式計價無單價數量等客觀衡量標準，因此為避免雙方認知不同事後糾紛，最好在估價單上清楚條列寫明規格、尺寸、材料等細節，作為溝通依據。

誰可以做

車架較特殊，通常是找專門的攤車製造商或進口商，有規格品，也可客製化訂做。

過來人建議：如果有把握，還是可以 DIY，唯需注意加上車前攤子之後龍頭操控的安全性、剎車時的穩定度等，避免移動時發生危險。

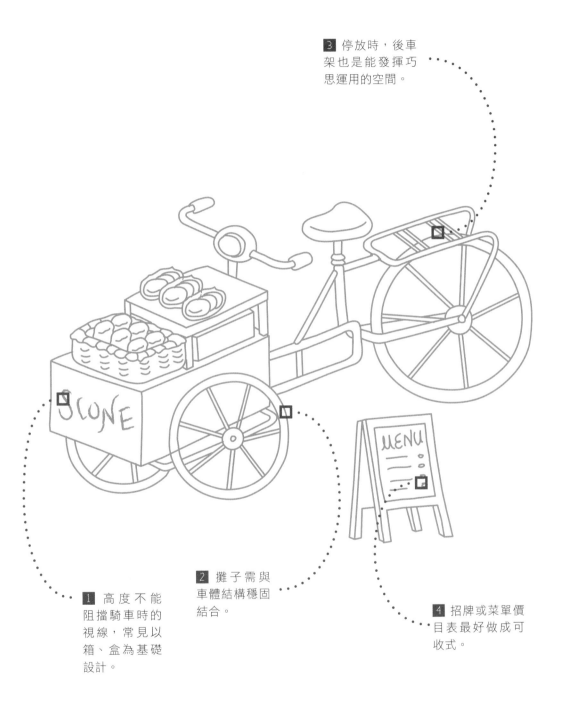

3 停放時,後車架也是能發揮巧思運用的空間。

1 高度不能阻擋騎車時的視線,常見以箱、盒為基礎設計。

2 攤子需與車體結構穩固結合。

4 招牌或菜單價目表最好做成可收式。

type 1
可移動式

附掛式攤車

·

形式多元變化動如脫兔

·

基本上就是一個獨立攤車，可附掛在單車、機車、汽車之後運輸，停放定點後就是固定式攤車。由於本身有輪子可移動，因此不一定要用貨車裝卸。這類型餐車常做成可拆卸式，上半部的屋頂或看板為活動式組裝，擺攤時架起，收攤時取下，因此結構設計和固定方式相當重要。輪子有小輪徑隱藏在攤車外部裝飾下的款式，也有裝飾性外露的款式，可視販售食物種類及想營造的氛圍選用。

速配餐點

餐點較不受限制，各式鹹點小吃、中西甜點、飲料、咖啡都合適。

過來人建議：要考慮擺攤的地點的水、電問題，是場地可接還是要自備。

適用材質

骨架有鋁合金、不鏽鋼、實木等，料理檯多用俗稱白鐵的不鏽鋼，有些會整個用不鏽鋼製作，有些用夾板。

過來人建議：靠近爐具處要用矽酸鈣板隔熱，再加上一層表面材，避免燙傷。

製作價位

以尺計價，通常含配電、配管、生財設備開洞等，其他特殊設計另計，燈管燈泡或跑馬燈等也是另計為多。

過來人建議：若是購入二手白鐵攤車，再另外製作看板或大圖輸出文宣，是相對省預算的方式，但整體風格呈現較難一致。

誰可以做

有專門的攤車製造進口商，提供規格品及客製化服務，也可自行設計請鐵工廠或是木工製作。

過來人建議：規劃時就要思考會怎麼移動運輸攤車，是否做拆卸式，臨時修改不一定能做得漂亮耐用，或是要另外多花預算。

3 若為可拆卸式設計，需注意結構及接合處穩定性。

1 供交通工具拖曳的零件要與攤車結構緊密接合

碗粿

2 輪子可選擇小輪徑隱藏攤車之下，或是外露大輪徑款式。

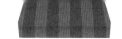

兩輪腳踏車式攤車

·

簡單輕量靈活騎到哪賣到哪

·

使用兩輪式腳踏車做為攤車的較三輪車型少，是因為攤子的尺寸更為受限，能帶著販售的商品數量相對較少，但輕量、靈活、相對單價較低，也可做為有實體店面小店的「宣傳」，不論是停在店門口，或是定期、不定期活動擺攤，都有吸引人目光的效果。兩輪式單車停於定點時，要有立架固定，需考量穩定度，相同的概念也有人用踏檔式摩托車如野馬改裝成兩輪式攤車。

速配餐點

適合古早味小吃，或是清新風格的小點，最好是已料理完成或只需簡單組合的品項，如麻糬、米糕、涼圓、糕點、瓶裝茶飲等。

過來人建議：通常受限於餐車尺寸，餐點份數無法太多，故需考慮一份的大小及對應的單價，是否符合預期效益。

適用材質

攤子通常是架在後輪上方，以箱狀造型為主，像是木箱或金屬盒等，視販售食物內置加熱或保冷器材，旁邊也可做活動式層板。

過來人建議：若想做有屋頂或看板的造型，建議做成可拆卸式。

製作價位

一般的兩輪單車都能作為車架，但考量造型與呈現風格一致，多半還是會選用復古感的單車。計價方式為單車加上攤位設計製作費用，有以尺計價、也有一式計價。

過來人建議：若是想購買現成品，要注意攤子空間及設計是否符合販售項目使用，後續修改不一定能符合需求，可能會有放棄而重新訂製的風險。

誰可以做

可自己製作或是自己設計再找木工、鐵工廠製作，專門的攤車製造業者也有承接。

過來人建議：這類攤車結構相對簡單，自行製作需考量附掛在單車上時的穩定度。

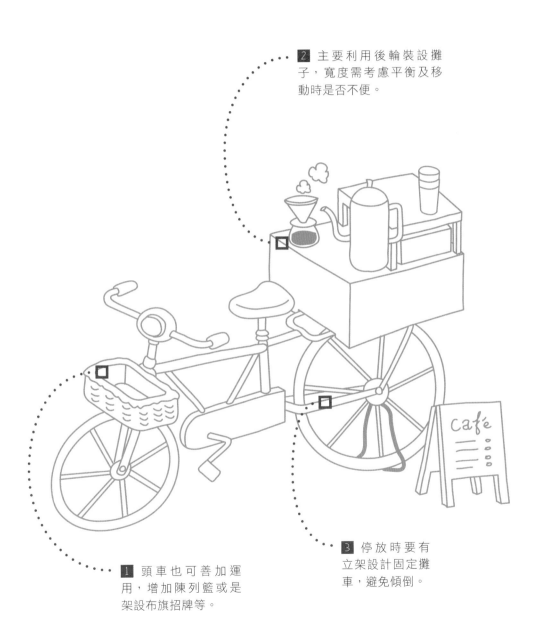

2 主要利用後輪裝設攤子，寬度需考慮平衡及移動時是否不便。

1 頭車也可善加運用，增加陳列籃或是架設布旗招牌等。

3 停放時要有立架設計固定攤車，避免傾倒。

type 1
可移動式

餐車

·

自由隨興但需考量為何移動

·

從國外開始風行到臺灣的行動餐車，除了電影影集裡給人高品質但價格相對親民的美食印象，還有開著車走到哪賣到哪的隨性自由形象，但若真正從實際面評估，在臺灣一台功能齊備的拉風餐車，成本不亞於租下 8 ～ 15 坪店面的租金和裝潢、設備費用，且有油資、車輛保養、發電設備等固定開銷，以及被取締開罰單的風險，在決定投入前需審慎評估。但確實餐車是一個很好的試金石，有機會面對不同地區族群的客人，了解他們對產品的反應和接受度，因此也成為許多立志開店者的跳板，或是與店面互相搭配的外燴車。

速配餐點	適用材質	製作價位
空間較大且有便於移動優勢，各種餐點都可做，三明治漢堡、甜點咖啡、冰淇淋、冷飲冰品、窯烤披薩、中式小吃皆宜。	車款常見用廂型車與小貨車改裝，箱型車中還有一復古款式稱為胖卡，討喜造型廣受歡迎。小貨車分為帆布型、歐翼型，箱型車有校車型、雙側掀型等，要開上路需符合臺灣對改裝車的法規。	一般行動中古餐車價格約 20 萬元起跳，根據設備、規劃、開門方式為歐翼、側拉、側面對開型式而不同，若有特殊設計及設備等還要另計，以擺攤形式來說是成本較高的攤車類型。
過來人建議：如有油炸等油煙較多的烹調，需妥善處理以免擾鄰。	**過來人建議**：由於收攤時會回歸到一部車的形式，招牌、文宣等最好設計成可拆卸活動式。	**過來人建議**：前期成本和承租小坪數店面差不多，需審慎評估經營方向，非要選擇非固定地點的經營方式嗎。

誰可以做

可找專門在做餐車的合法車體廠改裝，流程是請專門改裝餐車廠家根據需求設計草圖，彼此再根據設計草圖討論，是否能滿足你餐車的特別需求，若能修正，在設計階段就應提出意見及想法要求廠商重新修正，以免日後完工點交時才發現改裝後的餐車不符使用。

過來人建議：改裝餐車和胖卡有專門社群社團，並提供創業到餐車規劃諮詢。

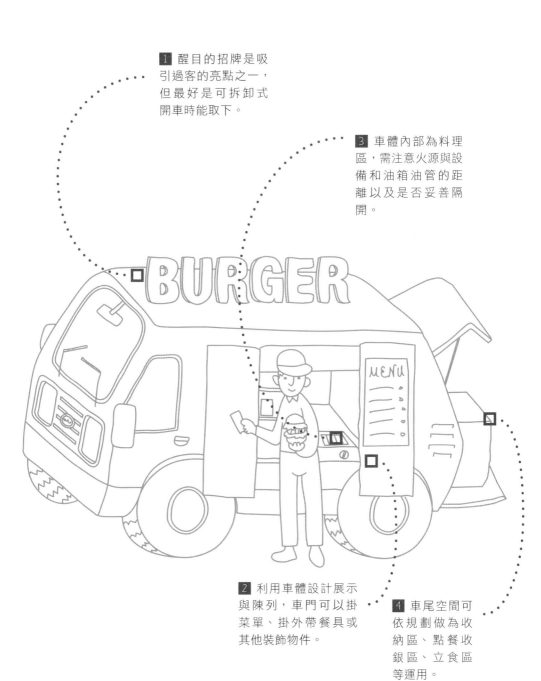

1 醒目的招牌是吸引過客的亮點之一，但最好是可拆卸式開車時能取下。

3 車體內部為料理區，需注意火源與設備和油箱油管的距離以及是否妥善隔開。

2 利用車體設計展示與陳列，車門可以掛菜單、掛外帶餐具或其他裝飾物件。

4 車尾空間可依規劃做為收納區、點餐收銀區、立食區等運用。

type 2
固定式

吧檯式店面

·

適合營業項目廣泛多元

·

位於路邊的吃喝小店，吧檯是主要營利的重點設計，食材的擺設、清潔狀態都是客人在意且一眼望去即能會心之處，在設計時需要多多留意，可運用格柵或是冰櫃將食物區隔，檯面也盡量選用易清潔的材質。內側作業區必須要以防水、耐用、耐燃為主，檯面最好也要使用耐磨材質，不鏽鋼是外帶飲品店最常使用的選擇之一。吧檯上若有電器設備，耐燃材質是最好的，例如：人造石、美耐板等。

吧檯不只是客人的座位區，同時也是工作人員主要的作業區之一，除了尺寸、風格、材質的考量外，位置安排也影響店內動線，因此適宜的尺度與多面相的規劃，才能讓客人和工作人員都舒適好用。

速配餐點

只要作業區能夠負荷，基本上各種小吃、餐食都能販售，小點心如紅豆餅、冰品，料理如日本料理、中式小吃、西式餐點皆宜。

過來人建議：如果坪數不大，需思考餐點要以內用還是外帶為主，會影響經營方向及客群。

適用材質

內側作業區要能防水、耐用、耐燃為主，檯面最好也要使用耐磨材質，不鏽鋼是常見的選擇之一。檯面上若有電器設備，耐燃材質是最好的，如人造石、美耐板等。

過來人建議：吧檯內側地面建議也要選用防滑材質較為安全。

製作價位

一般在設置購買廚具時會建議占整體資本的三～四成，更低的價錢也是能買到對應的產品並煮出東西，不過設備會影響品質，一開始挑便宜貨，或許初期能降低投入成本，但若是想長久經營，日後的維修或汰換，其實不會省太多反而浪費時間。

過來人建議：優良設備才能降低損耗，提升出餐效率，才能提高營業額。

誰可以做

設計師或工班，或是商用廚具廠商。

過來人建議：不可或缺的吧檯佔據了絕大多數空間，與其降低存在感，不如順勢安排在最顯眼的位置，讓吧檯自然成為空間裡的視覺焦點。

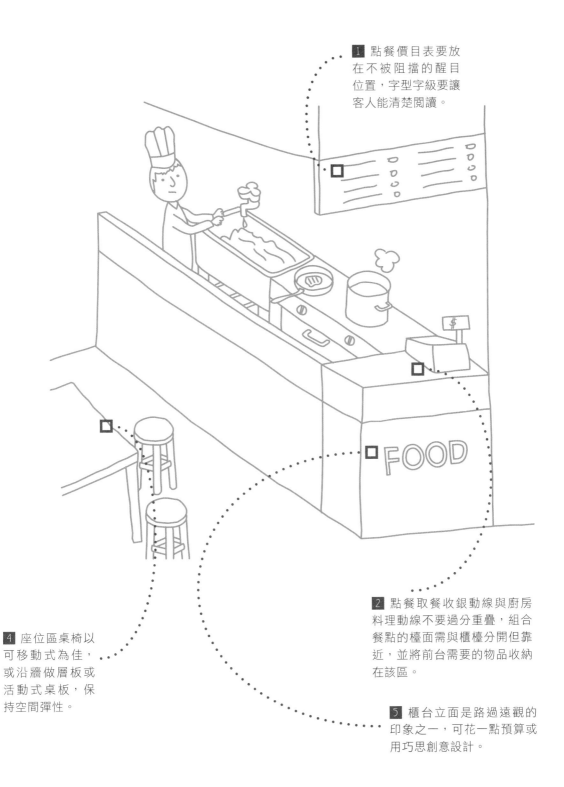

1 點餐價目表要放在不被阻擋的醒目位置，字型字級要讓客人能清楚閱讀。

FOOD

2 點餐取餐收銀動線與廚房料理動線不要過分重疊，組合餐點的檯面需與櫃檯分開但靠近，並將前台需要的物品收納在該區。

4 座位區桌椅以可移動式為佳，或沿牆做層板或活動式桌板，保持空間彈性。

5 櫃台立面是路過遠觀的印象之一，可花一點預算或用巧思創意設計。

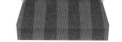

type 2
固定式

櫥窗式店面

·

外帶為主門面創造深刻印象

·

會做成櫥窗式的店面，通常受限於面寬較窄，常見於鬧區一戶店面分成二到三個單位出租，再則是料理的過程可能有油煙或考量安全性避免影響客人，以外帶為主，通常看不到料理區，點餐之後由後場製作，前場則負責點餐、送餐收錢，點單順序、品項及出餐之間的聯繫相當重要，好的動線設計有助作業順暢。

設計重點會放在櫥窗門面，從招牌、餐點價目表、立面材質顏色造型等設計，都是吸引往來路人的關鍵，根據販售食品種類與想傳達的獨特之處，透過裝潢設計告訴客人。後場作業區則以作業動線順暢、衛生安全等配置水電火及收納儲藏空間。

速配餐點

飲品、咖啡、中式小吃、中式點心外帶都適合。

過來人建議：需考慮後場空間條件，除了放得下機器設備，還要考慮排煙、散熱等。

適用材質

櫥窗的裝飾材質和室內裝潢無異，櫃台可用不鏽鋼、木作或系統櫃，但不盡量不做工法過於特殊或施作困難的建材。

過來人建議：若為木作固定式設計，日後搬遷帶不走，需思考若是擴大或轉租其他店面的情形。

製作價位

找設計師會有設計費和工程費兩部分，設計費多半以坪計價，有些設計公司若小於某個坪數會有最少以幾坪計算的基準。找工班通常不會有設計費，但在機能及整合等部分就要自己注意。工程依施作項目，會有工資和料錢，需逐項列出。

過來人建議：不論找設計師或工班，都要簽訂合約，明定設計細節、材料單價數量、完工時間及延遲罰則、付款次數及時間點等。

誰可以做

設計師及工班，或自己設計找人施工或 DIY 也可以。

過來人建議：店面承租後就開始有租金壓力，但一味壓低價或趕工期不見得是賺到，若做完有問題，後續調整修改不易，也影響工作效率，且前期開店有許多事情需同步進行，也要考慮是否有餘力自己統籌裝修設計。

1 招牌是訴說店鋪個性的要點，從材質到形式、CI 設計都是和客人溝通的語言。

2 燈光是在夜晚吸引客人的要素，光源、色溫、燈具等都是營造氛圍的關鍵。

4 已經看不到料理過程，將食材或成品陳列給客人看見，能加強購買慾望。

5 餐點價目表要放在客人視線上醒目之處，如果還有餘裕，一個層板就能創造座位區。

3 前台要應付點餐、送餐收錢，動線分流很重要，小巧思可能就能減少一名人力。

type 2
固定式

貨櫃改造店面

·

運用色彩和開窗就很有特色

·

在臺灣貨櫃屋一直遊走在灰色地帶，同時具有攤販和固定店面的特性，但也有些園區場域正以改造貨櫃做店面為特色訴求，吸引店家進駐，或是在街區巷弄內租地遷入貨櫃，營造不同於室內用餐的情境氣氛，露天式座位、結合周邊環境等營造自然奔放的美式風格，而貨櫃本身材料屬性，也自然散發粗獷自然的工業感。

貨櫃開店成本相對租店面低，搬遷容易，裝潢和設計可以帶著走，貨櫃小店攤有點像攤販形式，先向人租地，然後購買貨櫃，加上裝潢等，不含營業設備，成本比攤車高比店面低，且被漲房租，能夠整個貨櫃運走，不怕裝潢費付諸流水。

速配餐點

中式小吃、西式輕食、甜點、飲品、咖啡等都適合。

過來人建議：餐點設定與價位要和裝潢定位吻合，才能吸引到對應的客人。

適用材質

通常外觀都會保留貨櫃全部或部分原貌，以彰顯特殊性，開窗也是營造貨櫃店鋪設計風格的要素，玻璃的穿透串聯裡外，也與鋼鐵硬派形象衝突對比。

過來人建議：不論用何種材質，都要要注意防盜。

製作價位

以 20 呎（內部空間約 4.1 坪）貨櫃來說，外觀噴漆加上開兩窗一門的價格約在 5 ～ 8 萬元，其他設計及內裝設備為另計。

過來人建議：用於店面用的通常是除役櫃，外觀通常有鏽蝕情形，要確實做好除鏽處理。

誰可以做

可是找設計師或是工班施作，現也有專門設計製作貨櫃屋店面的工廠。

過來人建議：貨櫃屋有運送的問題，建議找有經驗的團隊執行。

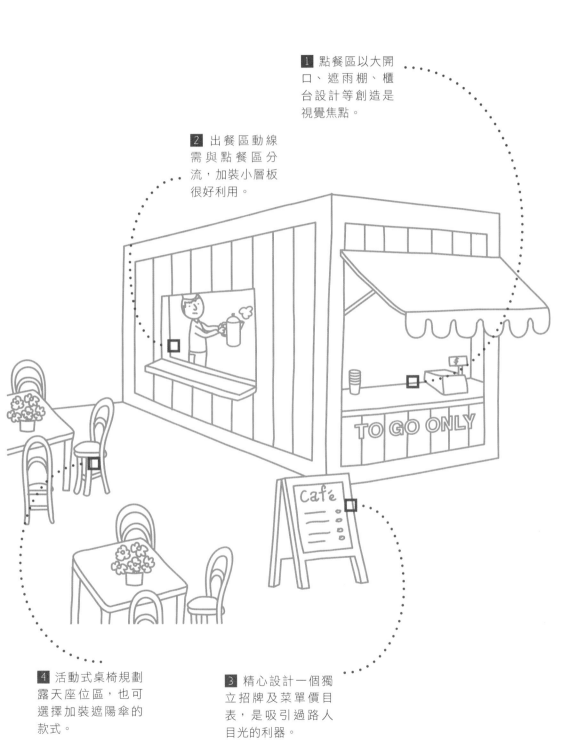

1 點餐區以大開口、遮雨棚、櫃台設計等創造是視覺焦點。

2 出餐區動線需與點餐區分流,加裝小層板很好利用。

TO GO ONLY

Café

4 活動式桌椅規劃露天座位區,也可選擇加裝遮陽傘的款式。

3 精心設計一個獨立招牌及菜單價目表,是吸引過路人目光的利器。

type 2
固定式

特殊造型

·

搶眼造型加深品牌印象

·

有如精細木工雕琢的藝術品,造型搶眼引人矚目,可用於短期活動製造效果,也能表現老闆的個性與特色,與自家產品相輔相成,也有機會賣出好價格。放在室內和戶外材質選用不同,如在室外要考慮耐候度。可做成固定式或拆卸式,方便收攤時運輸移動。還是要提醒發揮創意想法值得鼓勵,但千萬不要過於堅持己見,反而忽略掉攤餐車實務營業面需具備的功能,也要考量耐用度和預算控管。

速配餐點

已做好直接販售的小點心、小吃、冷藏冷凍食品,或不需再花多道工序烹調的類型。

過來人建議:特殊造型攤車通常主題強烈,不適合同時販售屬性差異過大的食物,同品項不同口味尤佳。

適用材質

通常以木作、玻璃纖維等為主。

過來人建議:如有明火烹調或高溫,檯面還是用不鏽鋼等防火材,並確實做好隔熱。

製作價位

以尺計價,含電線及開洞,生財設備、燈泡等通常另計。

過來人建議:簽合約或估價單時,最好附圖說明樣式、尺寸、機能、材料等細節。

誰可以做

專門的攤車製作廠商及木工。

過來人建議:由於造型完成度較難有客觀評判標準,建議用參考照片、3D 圖或手繪圖作為客觀基準。

② 店名招牌與攤車造型整合設計。

Herbal Tea

① 加設活動層板，擴充作業檯面。

③ 裝飾性造型的外表下，內部空間仍隱藏多種機能及設備。

攤車吸睛好用的要件
concept

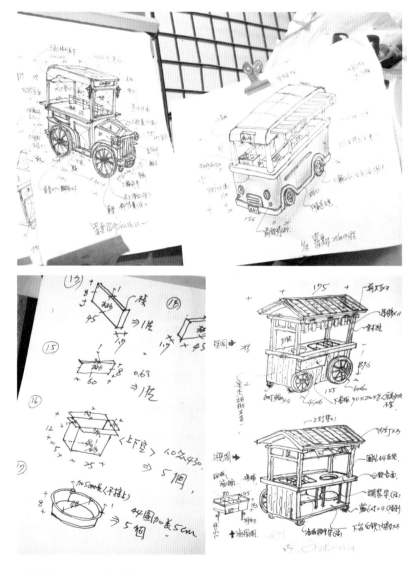

專業諮詢 _ 羅曼餐飲規劃設計、各小店攤主
攝影 _Peggy
手繪圖、攤車設計 _ 羅曼餐飲規劃設計 林先生

夜市、市集走一遭，各家攤車花樣十足，但畢竟攤車是生財器具，只是好看不中用是不夠的，究竟一部攤車要具備哪些條件才經得起到到處奔波的擺攤生活，並且順手好用有助提高作業率，滿足做生意時的需求，以下為你詳細說分明。

有些人在還沒有決定要賣什麼之前，就開始想攤車的風格造型，上網找圖片，對細節想法很多，但這有一個風險，夢想要做一個迪士尼風格城堡的攤車，最後決定賣臭豆腐，這樣的攤車設計，恐怕無法說服消費者，所賣的臭豆腐口味道地好吃，因為「調性不合」。

尤其是賣小吃，通常是薄利多銷，餐點口味的接受度，是否有別於其他人的特殊之處，才是生意做得起來的關鍵，不好吃客人買一次就不會再來了，攤車再厲害都救不回來，因此，「賣什麼」除了是在問賣什麼種類的料理之外，也是在問「賣點是什麼」，充分了解之後，就可依照所賣的餐食種類及賣點，建立「主題」，進行餐車造型及風格的發想。

從餐飲種類和攤位地點等，發想設計造型

傳統口味小吃，通常會搭配仿舊質感與復古造型攤車，這樣容易讓人產生聯想，並且傳達出專業職人的形象。賣新穎流行的小點心，攤車造型就會比較往現代感或歐式風格發展，以吸引客人的注意來嘗鮮。攤子要擺在哪裡，也是設計造型的關鍵，地點連結的是客群，這和開店找店面是類似的意思，如果擺攤的地點是創意市集之類的場合，帶著配備七彩霓虹跑馬燈的攤子出場，恐怕難以得到現場偏向文青型的客人青睞，這就是目標客群設定錯誤，即使東西再好吃，也很難吸引到該族群。

因此，攤車設計同時包含了賣點、客群以及會使用到的設備等思考，在和攤車設計廠商溝通之前，最好先確定這些方向，以縮短來回溝通的時間。

熟悉餐飲流程才能做好攤車設計

攤車不是只做出一個搶眼的造型這麼簡單，它等於是一個微型店面，要有引人注意的門面，要清楚傳達是賣什麼類型的餐點，並且要容納餐飲器材，配管配線等細節，因此要設計出順手好用的攤車，對餐飲流程要有一定的理解，並熟悉各種料理對應的烹調設備以及機器的尺寸、規格，是熱檯還是冷檯，器材之間與作業區要預留多少空間等，才能在順利在造型中納入完整實用機能。

一輛攤車是有「建築結構」的

有人會找木工做攤車，但若是純做裝潢木工的師傅，不見得有結構的概念，但攤車是要在外面跑，接受風吹日曬雨淋，如果只是用釘子、黏膠接合，強度是不夠的，餐車結構有點類似建築，要有結構支撐整個系統，如果用裝潢堆疊的手法製作，很快就會出問題，但若是臨時活動用的擺飾，可能還勉強可以。

活動攤車有意思的地方，就是掌握了結構概念之後，可以視需求做出很多變型。有些人是跑多個縣市巡迴擺攤，因此收起來的攤子要能裝進貨車裡運輸，收摺的方式有很多，上下分離是比較常見的方式，但也可以搭配鋼骨製作設計可折疊的餐車，避免頻繁拆裝折損；有些是租地定點擺攤，攤子不用移動，但攤位就要有防盜的功能……談到設計，就有無窮的變化可以玩了。

不論是造型有多複雜，攤車都要四點著地，柱子是整枝貫穿撐起整個結構。圖為攤車展開及收合的樣貌，附有鎖頭有基本防盜功能。

即使是可收摺式的攤車，還是有支撐結構，上面的屋頂柱子是鋼骨包覆裝飾木作，收攤時拆掉裝飾木作，將鋼骨對摺，即可收在檯面上，方便放進貨車運送。

談完了設計，也訂出了主題方向，接下來要怎麼進行呢？什麼時候能交貨呢？已踏入活動餐車設計製作 20 年的羅曼餐飲規劃設計林先生建議，一定要簽估價單，並且附上詳細的圖面說明，不論是手繪圖還是 3D 圖，整體及細部尺寸、設備、材質、接合方式、顏色、數量等都要鉅細靡遺地載明，並簽名確認。由於餐車是客製化的產品，難以客觀一條條列出單價，因此在總價之中包含多少內容，有哪些項目是另計的，必須白紙黑字記錄以作為日後驗收依據。

他也提到，自己是業界第一個推動設計製作活動攤車要簽約、採階段付款的人，通常是簽約時先付三成，到了完成後驗收付清剩下的七成。交貨時間反映在單旺季、攤車複雜程度及老闆有多急，從一週到數個月都有可能，這也必須在簽訂估價單時溝通清楚，並於估價單上載明。

已經手上千個攤車的他，大約有九成都是做和吃喝有關的，期間看過各式各樣的老闆，笑稱光和對方談完，大概就猜得出對方生意做不做得起來，是玩票還是真心投入的。對於自己注入心血設計製作完成的攤車，他都希望能幫老闆們賺錢，這是雙方都開心的事，也是自己成就感的來源，但這必須仰賴確實的事前溝通，才能真正抓住關鍵要點。

他也提到，最近想做小生意的人變多了，可能是加班費減少想增加收入，想說擺攤賺外快，但其實每個領域都有其專業，抱著半調子心態是做不長久的。他是不幫人寄賣自己設計製作的攤車，每台攤車都是根據攤主的想法和需求設計，適合他不見得適合別人，一時衝動花錢做攤車，開了幾天沒生意就萌生退意，最後還要認賠賤價出售。因此一定要想清楚，自己只是喜歡吃，還是真心想做，再真的投入「餐飲人生」。

攤車樑柱結構完成，以夾板交叉假固定二至三天，讓結構穩固。

不鏽鋼檯面根據設計圖的尺寸及設備規格開洞，放入鍋具確認尺寸無誤。攤車柱子已染成仿舊木色。

攤車前後屋簷為活動式，整體染色完成，掛上燈籠完成。

PART 2

解 構 小 店 攤 設 計

化 無 限 創 意 於 小 店 攤 中 實 踐

一個小攤子寬 6 呎，更別提單車式的移動攤車，空間絕對沾不上充裕的邊，但要容納的機能卻和店面相差無幾，如何將店攤主人的想法精神，落實在方方面面的設計中，讓客人自然而然接收到店攤主人投注在手上這味的心血，是本單元的重點。不論是找人設計、自己發想，都要從「賣什麼」開始，這是一個小吃店攤的核心價值，掌握住了再向外延伸，想呈現的風格、和市面產品差異點何在，將自己的強項，透過外觀、招牌、CI、包裝、服務流程等讓客人真實感受，而有助優化備料出餐的作業區設計、取餐外帶動線、是否提供座位等，更是提升獲利要思考的細節。

Point 1

展 示 區 設 計 要 點

.

讓人第一眼就想停下來買

.

臺灣的小吃文化盛行，以往多是攤位展示現在則有品牌化的趨勢，因此在外觀與整體呈現上也越來越講究，其特性是輕量化易於開張或撤收，並具有良好的機動性。外觀設計不僅傳遞店主希望呈現的形象意念，同時也是客人決定是否消費的重要關鍵，因此在講求風格之餘，也應從客人心理狀態考量，避免過於強烈的風格語彙造成距離感，讓路過的客人望之怯步。

有哪些元素組成

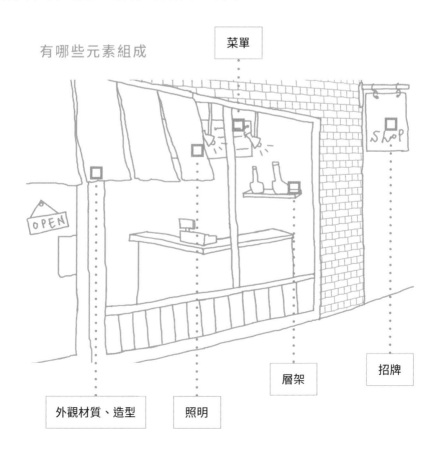

攝影 _Amily ／ Everywhere food truck

攝影 _Amily

設計重點

· 有限空間佈置也風格十足

善用餐車的每個角落，考量實用機能之外，也
要用佈置營造整體氛圍，利用展開的車門做為
展示牆，傳達店主的生活態度。

· 獨特造型吸引目光

紅白對比的胖卡餐車，亮麗外型加上車頭印上
店名的 LED 點綴圓招，遠遠地就會被吸引。

· 布簾營造復古情境

若想要營造日式和風或復古懷舊的空間氛圍，
在門口掛上類似暖簾的布簾就能營造出來，可
用素材質樸原色或染色布料，也可再印上店鋪
的 CI 或店名，將品牌和初衷訴求連結起來。

攝影 _曾信耀／和興號鮮魚湯

1-1 外觀

繽紛或低調都為吸引目標顧客

如同對一個人的第一印象多從外表建立，一家店給人的印象，也是透過外觀傳達的訊息建立，像是用了什麼具風格代表性的元素和建材、是特立獨行非讓過客注意還是低調內斂卻想一探究竟等。舉例來說：一家設定為販售健康美味真食物的便當店，選用生產履歷食材、調味烹飪過程拒絕化學合成加工品，空間從「日式」「職人」「天然」意象著手設計，最後以原色木框推拉門、大面外推式玻璃窗、翠綠方磚，加上暖橘布簾塑造第一印象，招牌以帶復古感手寫字型呈現，配色簡單、遠觀賣什麼訴求清楚。運用聯想，便能轉化抽象概念於外觀設計。

攝影｜Ａｄ 店名｜媽嘎關東煮

固定店面櫥窗式／小吃
1. 質樸木屋設定連結新鮮關東煮

在沒有設計圖的前提下，與木工師傅多次溝通，逐步建構出店鋪的樣貌，並透過木棧板線條帶出日式木屋的質感，上半部的藍色暖簾搭配日式老燈，氛圍質樸而溫暖。

藍色暖簾印著店主親刻店名

攝影＿楊為仁／一碗豆腐

2

和風掛飾增加細節豐富度

可收式攤車／小吃

2. 店主親自打造手感木質攤車

老闆效法日本職人精神，親自動手製作這座全台獨一無二的臭豆腐攤，利用深色並帶有斑駁的木板營造懷舊感，並以日式風鈴、玩偶、燈籠、煤油燈等點綴裝飾。

固定店面櫥窗式／甜點

3. 外觀設計注入日式精緻元素

以日式精緻的元素為發想主軸，描繪出宛如日式屋舍的外觀，而左側的玻璃格門則帶入傳統紙拉門的意象，整體透過輕淺的木色帶出恬淡氛圍。

攝影＿劉士誠／有時候紅豆餅

LOGO 融入紅豆餅形象，宛如家徽般烙印在上

攝影_Amily

遮雨棚與鋁色外
觀和諧一致

攝影_Amily／小日子 Cafe

以麻布短簾和植
栽規劃出戶外座
位區

貨櫃／輕食

4. 白、銀雙色帶出純淨明亮氛圍

選用純色鋁板包覆貨櫃屋，彰顯空間樸實面貌，
白色的內部空間在天窗與兩排白光軌道燈映照下
顯得明亮乾淨，而白色燈管勾勒招牌與 LOGO，
型塑搶眼視覺意象。

固定店面櫥窗式／飲品

5. 外觀設計拉近與街坊的距離

大面積的玻璃、部分木頭材質以及白色量體，打
造清亮簡約的飲料鋪形象，自外觀規劃出明顯的
進退面，點餐檯往巷道方向延伸突出，讓視覺焦
點落在此區。

固定店面吧檯式／小吃

6. 雙櫥窗內用外帶動線分流

創立於日治時期的丁山肉丸，最早從台中第二市場發跡，成立至今已有百年歷史，第四代經營者接手後重新整頓店鋪規劃，在前台料理區加入窗台設計，讓製作兼點餐、取餐區更有賣相與亮點。此區除了整合了料理、點餐、取餐機能外，另規劃了吧檯區與候位區，人多時可分散內用候位的壓力，也能增加與顧客的互動。

固定店面吧檯式／小吃

7. 巷內老宅重塑老牌小吃風格

台南保安路「阿鳳浮水虱目魚羹」的二代店，經營者從店名的年輕化到用餐環境升級一起思考，店面保留老屋的元素與氛圍，以手繪感呈現的招牌有著清新的氛圍，外部的開放式廚房讓客人能看見製餐流程，增加安心感。

攝影＿Peggy／丁山肉丸

．．． 外帶外送與內用客人分流

攝影＿管信維／小丫鳳・浮水魚羹

．．． 從外面可直接看見店內情況

攝影 _Peggy ／花山家宣飲麵舖

8

固定店面吧檯式／麵食

8. 善用地點優勢打造醒目外觀

乾拌麵結合茶飲的複合式麵館，老闆夫婦喜歡喝洛神花茶，洛神花的別稱又有瑰
茄、山茄，家這字又象徵著家常小吃、念家的概念，擷取字意後，就以花山家為
名。店面外觀配色因使用台南關廟麵，便以台南作為發想，整體配色也運用類似
台南在地有名景點藍曬圖作為基礎。

入口區點餐、外帶、
等候皆設置在此，
清楚分散人流

固定店面攤車 + 吧檯式／小吃

9. 品牌升級同時保留印象與口碑

原名「小王清湯瓜仔肉」，是艋舺在地人的
美味早餐，兒子與媳婦接棒後，花了好幾年
和長輩溝通，不僅是店面改裝，連帶整體的
CIS 識別都升級，在 2019 年獲得米其林必比
登推介後，加上「台北造起來」店家再造計
畫的契機，成功說服了長輩以「小王煮瓜」
的新名字重新出發。位在一排滷肉飯與爌肉
飯的店家當中，門口的攤車與裝潢很容易吸
引路過客眼光。

攝影 _Amily ／小王煮瓜

9

保留攤車意象作為行銷、陳列商品之用

深淺木條無方向性地
拼貼出渴望回歸自然
的純粹表情

攝影＿Amily ／ VEGE CREEK 蔬河－延吉店　　10

固定店面吧檯式／小吃

10. 植栽木料營造蔬食清新意象

經三次的改裝，唯一不變的是門口茂密錯落的植栽，偏深綠色系的芭蕉樹、龜背葉等，讓人聯想起蔬食滷味碗裡翠綠的蔬菜。可一眼望穿的落地玻璃，仿若窺見家人正共享美食的日常景象。

攝影＿江建勳／小良絆涼面專賣店　　11

小吧檯可臨窗送餐不
用走出來

固定店面櫥窗＋吧檯式／麵食

11. 清新門面在老屋店面中跳出

經營腳踏車餐車一年多之後，小良絆涼面專賣店落腳昔稱打鐵街的赤峰街，將傳統老舊的鋁門窗門面，換上溫潤橡木色打造門扇與格子窗景，清新舒適的風格在整排老屋店鋪中脫穎而出。設計師加入台灣早期老件的施作工藝訂製窗框，而左右皆可推拉的窗戶，也成為出餐的快速動線。

EVERYTHING'S
GONNA BE

新生北路一段
62巷15號–19號
Xin-Sheng N. Rd. Sec.1
Lane62 NO.15–NO.19

攝影＿Amily／BRIDGISAN 橋下大叔

老屋的小缺點因
統一用色而匿蹤

固定店面吧檯式／輕食、台式菜飯

12. 外觀用色低調反而引人注意

位於高架橋交匯處的獨棟老房子，將店
面外牆全面漆成黑色，達到外觀上的一
致性，面向華山以紅色霓虹燈打出店名，
街邊小店散發濃厚文青氣息。

手寫佈告欄將窗框卸去玻璃嵌入黑板

固定店面吧檯式／小酒館

13. 營造容易親近互動的氛圍

特地搜刮各種老舊玻璃窗，保留原始窗框的顏色，DIY 拼裝出饞食坊獨一無二的特色外觀，十字、菱形、梅花各異奇趣的玻璃壓花，讓人想起兒時記憶中阿公阿嬤的老厝。

固定店面吧檯式／小吃

14. 白底襯托老件訴說小吃故事

特別詢找老件碗櫥、復古蒸籠做為店內器物，故以清新的木質和白、灰色調為底，讓空間更顯乾淨俐落。樸實的門面設計，拉近品牌與顧客的距離。

兩輪腳踏車式攤車／小吃

15. 讓舊時美好倒流的復古攤車

超過一甲子車齡的老武車，無須改裝，保持原貌的年代感，腳踏車和木材質搭配最相襯，木招牌、木桶、關東旗簡簡單單，反而能加深印象。

攝影 _ 胡勛格／盛橋刈包

利用販賣機完成結帳，讓工作人員能專心出餐

攝影 _ 陳婧方／糯夫米糕

從單車到器具選用，復古意象清楚到位

1-2 招牌

善用材質、圖文、燈光傳達定位

招牌的材質運用，可根據餐飲類型以及風格主軸作為設定，一般來説，日式餐廳多以鑄鐵、木頭、不鏽鋼材質打造，想要強調日本人的內斂和樸質精神，還可以選用具手感的布面或是暖簾作為招牌的表現之一，另外像是小酒館、義式餐廳的話，招牌可加入霓虹燈光，讓夜間呈現的效果更明顯，若是咖啡館、甜點店則多以溫暖的黃光投射，帶出親切溫馨的氛圍。除此之外，招牌的材質也得留意往後是否好維護，以及 2 ～ 3 年後所呈現的效果是否如原先預期。

市場攤位／食材

1. 招牌材質隱含天然手作精神

豆製品是需要親手下功夫的食物，招牌捨棄塑料，改以布簾印上一個「豆」字加強視覺效果，而後方垂吊竹簾與木製商品名牌，都強調出攤商精神「無添加與手工與原味」。

原色素布印上
攤名在市場裡
特別吸睛

攝影／江建勳／三年九班豆工廠

1

攝影 _Amily

雙招牌吸睛效果加乘

長幅布簾搭配獨立木招牌

攝影 _Peggy ／好之麵線

固定店面吧檯式／輕食

2. 站立招牌菜單以燈光加強吸睛度

除了車頭上方圓形主招牌外，Bon Car 增加站立招牌置於餐車旁，簡潔明瞭的列出主打商品，而餐車主要照明也以黃色軌道燈集中打在菜單價目表上，達到聚焦效果，亦方便客人挑選點菜。

可收式攤車／小吃

3. 各方向都能清楚看到店招

一樓高的布簾印上店名，攤車側邊木櫃掛著店名立體字樣，攤前更擺放一個三角木看板，不論距離遠近，從左邊還是右邊經過，都能看到攤子所在位置。

攝影＿Amily／師園鹹酥雞

外觀立面將店名文案與 LOGO 做為
設計裝飾

燈光洗牆效果下更顯麻
布質地細節

固定店面櫥窗式／炸物

4. 充分利用街屋立面

師園鹽酥雞西門店，商圈的範圍廣、客群
年輕化且擁有觀光人潮優勢，因此空間上
希望打造親民的台式小吃街頭感，延續原
有攤車意象外，連同後方的內場工作動線
設計也與師大店相同，利於兩間門市人員
調動後能直接上手，無須重新摸索作業動
線。招牌設計在外立面及騎樓店面攤車上
方，不論開車騎車或逛街都不會錯過。

市場攤位／食材

5. 麻布搭配投射燈溫暖自然

由於傳統市場裡的攤位一致、燈光也只有
白光，設計者加入溫暖的投射燈。在麻布
上印製書法字體的草山蔬菜成為招牌，儘
管是麻原色與黑色的搭配，卻也因黃光的
投射而凸顯。

攝影＿江建勳／草山蔬菜

巷弄搭配側招，比正面大招
牌更容易被路人看見

實體店招牌延續
復古手感調性

攝影 _Amily ／小日子 Cafe

攝影 _ 曾信耀／糯夫米糕

攝影 _ 陳婷芳／糯夫米糕

攤主自製的手感布招引發認同

固定店面櫥窗式／飲品

6. 小巧精緻的圓形燈箱式側招

突出於門面左側的招牌，與小日子刊名相同的設計，白色底與黑
色字散發簡單純粹的氛圍。位置和點餐窗口鄰近，也暗示客人購
買動線。

兩輪腳踏車式攤車／小吃

7. 迎風飄揚關東旗呼應攤型

創業之初以現代網路行銷取代傳統流動攤販叫賣經營，隨著臉書
公告上路地點與時間而累積排隊人潮，而靛藍底白字的關東旗店
招，便是聞訊而來的客人尋覓的標的，實體店招牌延續調性。

攝影_沈仲達／BARONESS 小黑糖

8

招牌用色及材質傳達精緻感

整個二樓立面大量留白
做為店名品牌識別

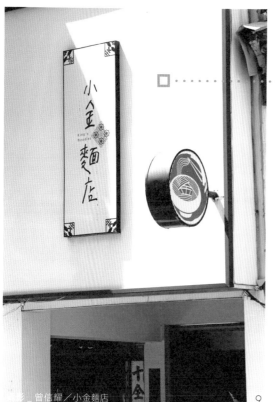

攝影_曾信耀／小金麵店

9

固定店面吧檯式／飲品

8. 正面招牌與側招互相搭配

運用深藍、黑色調製的品牌為主軸，正面招牌則
是鋁片打造如黃銅效果字母招牌，以宛如精品咖
啡館質感的設計氛圍，打破一般手搖茶飲平實的
空間樣貌。

固定店面吧檯式／麵食

9. 正面留白大招牌結合圓側招

小吃、古蹟、老宅，以及最重要的「人情味」出
發。由老宅改造而成的店面保有傳統的建材元
素，並以文青風格顛覆了過往麵攤的形象，純白
色調的門面予人平易近人的感受，使人能毫無負
擔的推進門來享用一碗簡單樸實的麵食。

二樓為員工休息區，
仍透過佈置傳達個性

固定店面吧檯式／輕食、台式菜飯

10. 霓虹閃耀交通要道

位於高架橋交會、大馬路邊的文青小吃店，面對八德路一側，以藍色霓虹燈說著：「Everything's gonna be」創造強烈的明暗對比，以及與人們對話的想像。

固定店面吧檯式／麵食

11. 三種招牌設計全方位攬客

店址就座落在中壢 SOGO 百貨一帶，鄰近熱鬧的商業、商辦區，相中平日商辦客，以及假日的家庭客或週邊住戶客等。設計上則以簡約、清新為主軸，予人無壓、舒服的感受之外，更能夠專心享用麵食、品嚐食物。廚房料理區做了半開放式，除了讓消費者看到麵食烹調的過程之外，工作人員在內場時也能隨時意識到客人的需求前往給予協助。

圖片提供 _BRIDGISAN 橋下大叔 10

正面燈箱、小布簾
與活動立牌吸引不
同方向前來的客人

攝影 _ 江建勳／噢麵《辣椒板麵》 11

1-3 菜單價目表

設計和順序影響挑選買氣

菜單設計對吃喝小店攤的營業額影響甚鉅，一般有食材分類法與料理分類法，主要賣點或是主推的菜色可特別強調讓其更為顯目。料理的品項數目會影響菜單類型，而是否要使用照片則各有各的優點，例如目標客群主打不是熟悉該種料理的客人，最好附上料理照片；若以精通該種料理的人為目標客層，則可用純文字菜單並附上菜色說明，讓客人多點想像。由於吃喝小店攤備料製作或可提供的份數通常限量，故建議以選擇適中偏少，菜單價目表設計簡明易懂，讓客人在短時間內做好決定，提高營業效率。

透過光源引導視線，價目牌低調卻不失存在感

可收式攤車／小吃
1. 菜單看似隨興掛其實很顯眼

呼應攤車的復古主軸，以簡單的木塊將品項及價目刻上，掛在視線等高的木柱上，同時點上懷舊的鎢絲燈泡，適當的高度以及亮點引導，菜單價位牌也能低調得很吸睛。

攝影_Peggy／好之麵線

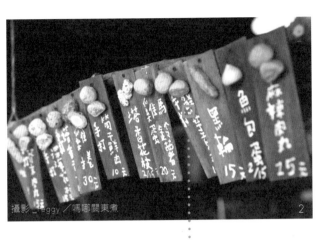

攝影_Peggy／嗎哪關東煮

固定店面櫥窗式／小吃

2. 結合裝飾與食材說明的木牌串

由於手工丸類眾多，消費者往往無法一眼
看出口味，遂拜託朋友協助製作丸類的迷
你模型，搭配木片與枯枝，成為獨一無二
的趣味價目表。

迷你模型加說明每個都想點

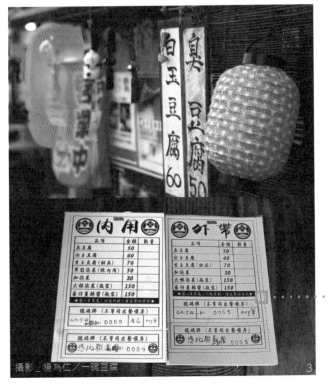

攝影_楊為仁／一碗豆腐

可收式攤車／小吃

3. 風格設計同時考慮出餐效率

價目表以毛筆手寫，黃色外帶、白色內
用，利於營業時分辨，最底下多印一條號
碼牌，供假日客人多的時候取餐憑證。

菜單分黃、白雙色方便
攤主快速辨視

攝影 _ 江建勳／瘦虎麵屋

牆面裝飾結合菜單設
計強化印象

固定店面吧檯式／麵食

4. 將菜單融入店面的設計元素

店內入口的玄關，明亮的光線從大面玻璃窗透進來，將瘦
虎面屋的 LOGO 印製在白色的燈籠上，並擺設公仔，融合
了古早味的鮮明特色。牆上食牌用紅色裝飾圖紋搭配一隻
伏地而臥的老虎，畫風鮮明且可親，融合後展現溫馨質樸
的親和力與獨特的裝飾風貌。

銀色細框呼應外觀白、
銀兩色的純淨印象

攝影 _Amily

5

手寫看板呼應天然
蔬果質樸原味

攝影＿江建勳／草山蔬菜

6

貨櫃／輕食
5. 餐點價目表美如牆上掛畫

三明治與飲品分別代表人生不同滋味的寫
照，以吊掛相框方式作呈現，讓顧客藉此
陳設思索人生各種滋味的組合畫面。

市場攤位／食材
6. 市場內的文青手寫價目表

每天引進的蔬果價格不一，設計師便提供
老闆一面黑板，讓店家能自由發揮運用，
可以寫上今日特有蔬果、塗鴉或特價品等。

附註飲料成分，瞬間就
能讀懂小日子的美味

攝影 _Amily ／小日子 Cafe

7

固定店面櫥窗式／飲品

7. 窗邊點餐菜單如掛畫的浪漫

僅開以一扇木窗對外開放的點餐檯，右側設置可
旋轉的鐵製 MENU，方便店員和客人說明介紹飲
品，版面設計則將小日子雜誌的封面設計與飲品、
輕食項目結合，充滿詩意的飲料名稱有著文青才
瞭的浪漫。

固定店面櫥窗式／飲品

8. 大型點餐價目表方便閱讀

由於從空間至 CI 設計等形象包裝走的是精緻路
線，為了降低顧客對價格的擔憂，設計師特別在
店面入口旁設計放大版菜單，加上詼諧的餐點命
名，反而成功吸引人潮。

攝影 _沈伸達／BARONESS 小黑糖

8

放大版菜單可分流尚在
猶豫的客人，和已要點
餐的客人不會擠在一起

攝影 _ 劉士誠／有時候紅豆餅　9

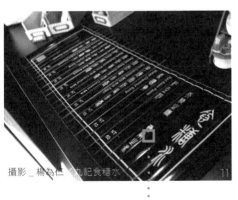

攝影 _ 楊為仁／九記食糖水　11

「看不懂的菜單」是店主想
和客人交流的精心設計

圖片提供 _ 開吧 Let's Open／鹹酥李　10

固定店面櫥窗式／甜點

9. 彩繪菜單傳達餐點精緻細膩

選用水彩描繪商品外觀，透過柔軟的筆觸和淡雅色系，傳達細膩調性，與日式空間氛圍相映襯。

固定店面櫥窗式／炸物

10. 看菜單點餐的鹹酥雞店

新型態的台灣鹹酥雞，不同於印象中的鹹酥雞店將食材直接放在攤位上讓顧客夾取，而是看菜單點單，從品牌視覺、門面設計到點餐流程，類似手搖飲店的概念，菜單除了主打的鹹酥雞與雞軟骨外，還有甜的口味如蘋果酥酥，更免費提供 8 種配料，讓客人自由搭配增加口感和風味。

貨櫃／甜品

11. 竹簡隸書菜單引導互動

無處不是經典港片梗的糖水鋪，菜單則以竹簡為梗，品名和價格以國字隸書呈現，不熟悉古文字的人難以辨識，反菜單要一目了然的常理而行，是店主要客人開口和他互動的安排。

圖片提供 _ 開吧 Let's Open ／鹹酥李
12

除了顯示菜單，也可根據
行銷需要放置最新資訊

攝影 _Amily ／胭脂食品社
13

固定店面櫥窗式／炸物

12. 採用顯示器看板行銷更靈活

白淨的店面設計顛覆以往對鹽酥雞店攤的印
象，將點餐方式改為點單而非讓客人實際夾
取，運用兩個電子看板顯示菜單及說明，在夜
晚看起來格外清楚明顯。

手作感小黑板保留靈活更
改的彈性

二樓店／漬物

13. 精簡選擇提供精緻慢食體驗

胭脂食品社提供季節性的飲料與限定的餐食，
菜單品項不多，希望提供消費者一個更為精緻
特別的慢食體驗，考量食材的變動與不可預測
性，菜單價位牌以廢木材當作邊框，塗上黑板
漆，手寫供應品項。

攝影 _Amily ／ VEGE CREEK 蔬河－延吉店　14

選滷味有如在逛
高級生鮮超市

固定店面吧檯式／蔬食滷味

14. 把想吃的直接放進購物袋

使滷味點餐更人性化，設計簡樸的帆布購物袋，客
人經過「菜櫃」時可依喜好挑選蔬食並放入袋中，
每份蔬食以透明的玉米粉袋包裝，菜櫃每格以銀色
銘板 show 出黑色價格和中英文食材名稱，另有麵食
銘板提供主食選擇。

固定店面吧檯式／小吃

15. 會自動遞補的生鮮蔬菜牆

蔬菜牆的發想來自「植生牆」，多種蔬菜排排陳列
在精心設計的牆上，如紙杯桶的遞補機制。蔬菜會
時節更換種類，成為最鮮活的食育教材，讓你搞懂
今天吃了哪種菜。

抽出最底下的蔬菜杯，上方
的就會自動下降遞補

攝影 _Amily ／ VEGE CREEK 蔬河－延吉店　15

互動式雞尾酒增加
與客人交流的機會

自助劃單區不用說
明顧客就會操作

固定店面吧檯式／小吃

16. 實品食材牆即見即所食

一樓入口外牆及戶外吧檯區旁，陳列了各式水果與香草植物，並設計了互動式的菜單，上面調查客人口味愛好，提供調酒師創作專屬該客人雞尾酒的靈感。

固定店面櫥窗式／炸物

17. 多國語言菜單點餐變友善

考慮到西門町有來自四面八方的觀光客，以及點單劃單的需求，運用騎樓柱子的空間，陳列中、英、韓、日語的菜單，方便顧客點餐，上方則陳列以品牌識別設計的提袋與茄芷袋，等候時加深顧客對品牌的印象。

材質選用及
··· 手寫表現都
在呈現溫暖
人情味

攝影_Amily／饞食坊　18

菜色多寡與
··· 菜單形式影
響翻桌率

攝影_Amily／BRIDG SAN 橋下大叔　19

固定店面吧檯式／小吃
18. 菜單呈現溫暖質樸情味

煎、煮、烤、炸等各種臺灣的經典味道都在菜單裡找的到；吧檯上緣窗櫺黑板的手寫
簡介，可摸到紙張本身質地的 MENU 與線裝的酒單本，在在傳遞出濃郁的樸實人情味。

固定店面吧檯式／小吃
19. 分時段採用不同形式菜單

用餐尖峰時段選擇過多會造成時間的耗費，將午、晚餐 MENU 寫在黑板上，提供三種
主餐、兩種甜點，方便食客快速下決定；八點半過後進入用餐不限時的宵夜時段，改
以紙本 MENU 供客人悠閒點餐。

1-4 層架陳列

實用與裝飾同時納入考量

在空間有限的小店攤中，通常都是機能優先，而營造氛圍的裝飾物品常因現實而被捨棄，不過想讓店攤和一般夜市、街邊小吃店做出區隔，除了口味被接受、食材優質、用心烹調，空間營造就是失之毫釐差之千里的關鍵。小店攤的收納，常沒有小倉庫等隱藏空間可用，如果要露出來，可利用統一的道具陳列，或是設計結合功能性的層架擺放在適當動線位置上。如有餘裕，不妨將空間釋出給符合餐點調性的收藏擺飾，在客人等候外帶時，不經意就接收到店攤主的細膩巧思而留下深刻印象。

復古小物帶出懷舊回憶

可收式攤車／小吃
1. 適當的展示空間

在麵線鍋爐與外帶餐具櫃之餘的空間，特別放置了個充滿玩心的古玩箱，放滿了一路蒐藏來的復古生活小物，甚至還有攤主母親幼稚園的畢業紀念冊，讓懷舊的回憶為整體用餐氛圍畫龍點睛。

利用道具整合商品，
檯面清爽有序

攝影＿江建勳／三年九班豆工廠

攝影＿江建勳／三年九班豆工廠

面向客人的木箱，作
為情境展示空間

市場攤位／食材
2. 木箱竹簍

傳統市場裡的攤販擺設向來是一個檯
面擺上全部商品，經由改造後，設計
師用玻璃盒、蒸籠、竹簍等整合各種
豆製商品，讓展示檯面整齊明瞭，方
便民眾選購。

市場攤位／食材
3. 壁掛式木箱，讓作業收納更方便

在攤子的洗手檯左上方，也釘上木箱
放置清潔用品；兩邊牆面的壁掛式木
箱，穿插有櫃門及開放設計兩種款式，
強化收納及實用性。

半透明材質隱約
可看到碗盤剪影

攝影＿江建勳／小良絆涼麺專賣店 5

攝影＿江建勳／小良絆涼麺專賣店 4

半開放式廚房除了有適
當的穿透也能遮擋設備

固定店面吧檯式／麵食

4. 訂製小菜櫃營造整體氛圍

運用懸吊式櫥櫃收納餐具,並且特別訂做復古質感的小菜
櫃,陳列當天販售的小菜,讓整體復古創新的氛圍更完
整。

固定店面吧檯式／麵食

5. 收納同時兼具氛圍營造

將廚房規劃成 L 型吧檯,不管在哪個區域都能出餐順暢。
因應老闆兩人喜愛復古老物件,設計師加入台灣早期老件
的施作工藝訂製窗框,搭配日治時期的復古燈罩形式與古
銅把手,透過每個小細節讓日式氛圍更完整。不同於傳統
窗框是溝槽鑲嵌玻璃,這裡的玻璃窗框遵循早期工藝作
法,即使日後破損也好更換。

固定店面櫥窗式／小吃

6. 在櫃檯門面加入展示小角落

特請擅長打造鄉村風格的木工師傅訂製木
作櫃台，上方層架正是展示風格小物件及
乾燥花的展台，由抽屜改造成醬料檯，是
店主的巧思，也呼應手感十足的鄉村情調。

貨櫃／甜品

6. 真正中藥斗老件營造氣氛

店主自北京覓得的中藥斗，是貨櫃店鋪中式風格重要的
物件，既能對客人説故事，又是分類收納商品備品的實
用傢具，上方陳列擺設香港及港片裡的重要元素，散發
地道港式風情。

攝影＿楊為仁／九記食糖水

攝影＿楊為仁／女子餃子

中藥斗抽屜內有分隔，現成收納商
品的好幫手

醬料檯是老件傢具的檜木抽屜改造

1-5 照明

既能聚焦又能美化
更具氣氛

完善的照明規劃，對於小店攤整體氛圍具有畫龍點睛的效果，單是光線的轉換，就能瞬間提升質感。整體而言，白天應儘量引入日光，日光顏色對食物與產品有非常大的幫助，但同時也需注意遮陽，格柵遮陽板或捲簾應在設計時一起考量。儘管各式建材並無非使用哪種光色不可的規定，不過每樣素材適合的光色種類多少還是有所限制。一般而言燈泡色等 3000K 左右的暖光，會產生柔和且凸顯紅色系的色調，超過 4200K 的白光則是給人剛硬冷調的印象。因此紅色成分多的木材及暖色系的石頭適合與溫暖的光色搭配，透明的玻璃和堅硬的金屬、混凝土則需以白色光色來襯托其素材感。

圓招圍一圈 LED 燈，有如
螢光筆畫重點的效果

餐車／輕食
1. 想要強調之處就用燈光處理

在麵線鍋爐與外帶餐具櫃之餘的空間，特別放置了個充滿玩心的古玩箱，放滿了一路蒐藏來的復古生活小物，甚至還有攤主母親幼稚園的畢業紀念冊，讓懷舊的回憶為整體用餐氛圍畫龍點睛。

攝影　Amly

燈管也能營造氣氛

攝影＿江建勳／富山總

2

攝影＿江建勳／小良絆涼面專賣店

3

復古造型壁燈為
打卡照畫龍點睛

市場攤位／食材

2. 兩種色溫光線跳脫市場制式

蔬果攤透過白光與黃光雙層次的光線投射於蔬
果與攤位之中，讓攤位非常亮眼。

固定店面吧檯式／麵食

3. 留一盞燈給到店的客人

在室外用餐區，設計師特意將基地往內退縮些
許尺度，創造出有如日本屋台般的用餐方式，
搭配橡木椅面材質的椅凳，與窗框、門片更為
協調融合，也成為許多人用餐後留影的最佳位
置。

選用黑色工業感燈
罩營造粗獷海味

木盒燈具美型、機
能與行銷三效合一

圖片提供＿曾信耀／和興號鮮魚湯 7

圖片提供＿力口建築／師園鹽酥雞 8

固定店面吧檯式／小吃

7. 燈光聚焦品牌視覺設計

台南老字號鱻魚店以「和興號鮮魚湯」的品牌重新回歸，
從騎樓小攤轉型為店鋪，溫潤木質基調帶來親切感，綠色
布幔烙印著前身鱻魚店的招牌 LOGO，喚起在地人的連結。
空間與品牌則邀請「福嘀安伯（Foodie Amber）」與「果
多設計（Design by associates）」聯手，以台灣傳統魚飼料
編織袋作為視覺發想概念，將本土庶民舊文化底蘊帶出，
搭配海魚插畫意象，打造詼諧趣味的形象，期許能成為台
南人的門面代表。

可收式攤車／小吃

8. 懸臂式的實木燈箱整合

因食用鹹酥雞雙手常會沾油，因此設計師發想這款結合
「照明」「面紙盒」「展示架」三功能的木盒燈具，用餐
燈光的氛圍加分，衛生紙的抽取也便利，更可展示相關產
品或裝飾小物。

圖片提供　曾建豪建築師事務所 +PartiDesign Studio ／ AMP Cafe　　9

固定店面吧檯式／咖啡

9. 鏡面反射光線讓空間感變大

工作吧檯位於最後方，讓出完整的座位空間。半腰牆以鏡面貼覆牆面，鏡面藉由反射達到放大空間感，且光源經由鏡面折射，也能展現更為豐富有趣的光線變化。

吧檯下方隱藏燈光，引導客人進入後段的吧檯區點餐

Point 2

作業區設計要點

·

出餐流暢順序無誤給客人好印象

·

以餐飲業來說，不分大小規模，廚房或統稱為作業區，是保障一家店能順利運作的關鍵，因此在規劃時，一定要確實模擬每天的流程及每個動作的動線，以評估儲藏食材、備料、爐火、水、電、排風等以及各種設備機器的位置，除了思考硬體設備的尺寸之外，還要考慮人員在作業區的行進動線及走道寬度，是否符合人體工學等。西式料理的爐具與中式差異很大，西式講究文火慢煮，中式講求大火快炒，因而抽風系統也會根據廚房熱能的估算來調整，為求減少油汙，現代化的抽風設備都應設置靜電機與風管相接，此外，加熱區溫度較高，設計時需要考慮壁面耐熱與消防的問題。

有哪些元素組成

| 特殊器材設備 | 料理區 | 收納區 |

攝影 _ 楊為仁／女子餃子

攝影 _ 楊為仁／一點／酒意 1.91

攝影 _ 江建勳／小良絆涼麵專門店

設計重點

· 同時烹調多份料理

用餐時間會同時湧入點單，如何有效率地消化點單，是增加翻桌率及銷售總額的關鍵之一，以圓盤煎餃為主打的風格小店，爐具雙層一字排開，視線所及就能同時看照多個平底鍋。

· 二手設備是省預算選擇

餐飲業的前期投入成本，廚房設備占比約三成，且為生財器具又不能捨棄。若有預算壓力，可考慮購入二手設備，唯需注意後續維修可能較不便或是損耗率高等情形。

· 道具以料理動線順手收納

餐具的洗滌區和備料的工作檯通常會額外設計壁架。而備料區的工作檯多半需要擺放刀具、砧板、調味料等，也可視需求裝設菜單夾等道具。

2-1 料理區

備料烹調組裝洗滌
都在這進行

配置廚房設備時，首先會先考量爐具和烹調設備位置。由於爐具設備會產生高溫，需避免設置在與鄰居相鄰的牆面，因此一般設在面後巷的區域、不與鄰居共用的牆面，或置於廚房中央。決定爐具位置後，接著考量洗滌區位置，設想從用餐區收完碗盤後放到廚房，因此建議洗滌區設在廚房入口附近，這樣動線最短最便利且不會與內場相互干擾、也最節省力氣。

再來配置工作檯、水槽和儲藏空間，工作檯是洗菜、切菜和擺盤的地方，因此多半靠近爐具及冰箱，使烹調更順暢。商用廚房多半會設置 2 ～ 3 個水槽，要特別注意，洗碗的水槽一定要與備料和烹調分開使用。

1. 不可忽略的油脂截油槽設計

廚房內部經常會用水清洗，因此必須做到能快速排水的設計，需沿著所有有可能用到水的區域設置排水溝，而排水溝末端需增設油脂截油槽。這是因為餐廳的汙水向來會有菜渣、油脂存在，油脂截油槽能事先進行過濾的處理，過濾後的汙水才能排放到汙水管，以免產生汙染。

在設計排水時，需注意地面的排水坡度需在 1.5/100 ～ 2/100cm 的斜度，而水溝則需保持 2/100 ～ 4/100cm 的斜度，水溝的底部需為圓弧狀，才不容易有廚餘殘渣堆積在底部。水溝需有可搬移的掀蓋，方便清理。

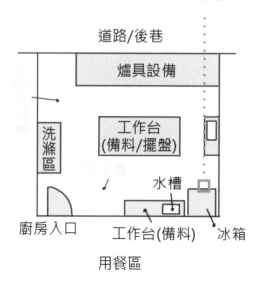

用到水的地方都
需設計排水

道路/後巷

爐具設備

工作台
(備料/擺盤)

洗滌區

水槽

廚房入口　　工作台(備料)　　冰箱

用餐區

走道的尺寸

75~90cm 150~180cm

2. 考量行經頻繁度及人體尺寸

走道動線則要考慮主要的出菜通道、推車或人搬運貨物，甚至是兩人交錯經過的情形。依照人體工學來看，人的肩膀寬度為75cm、推車寬度為60cm、一人搬拿貨物的正面寬度為60cm。因此一人通過的走道設計，需至少為75～90cm；若是兩人交錯通過，則要150cm以上，像是主要的出菜動線是最頻繁進出使用的通道，建議在150～180cm左右為佳。要注意的是，為了讓烹調順利進行，爐具與工作檯之間的走道建議設計為單人通行75～90cm的寬度，讓主廚一轉身就能作業，同時也能避免在烹調時有人從身後經過。

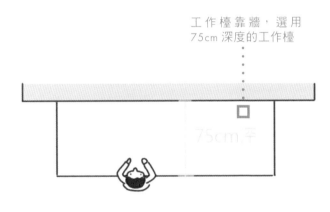

工作檯靠牆，選用
75cm深度的工作檯

75cm 平

3. 作業區設備尺度需符合人體工學

設定工作檯或爐具設備的高度時，多會以廚師身高為基準。以亞洲人的體型來説，高度多半在80～85cm，若廚師為歐美人士，則會加高至90cm左右。工作檯若是靠牆設置，深度至少需有75cm；若不靠牆，建議使用90cm以上的深度，兩人同時在工作檯兩側使用空間才足夠。

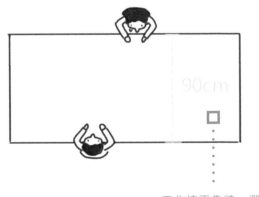

90cm

工作檯不靠牆，選用
90cm深度的工作檯

工作檯和壁架
的適宜高度

設計補風系統維持廚
房內部的通風流暢

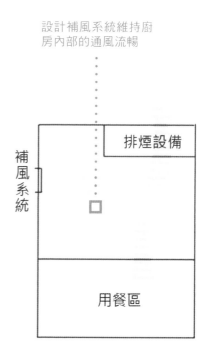

補風系統

排煙設備

用餐區

4. 高度深度都影響作業順暢性

工作檯上方設計的壁架,則是要考慮方便拿取,因此高度會在
140 ～ 150cm 左右,深度則是不超過工作檯的一半,約 30 ～
40cm 深左右,避免人在作業時撞到。除了壁架,也可做腰櫃或
是落地櫃,一般高度落在 150 ～ 210cm 左右。

5. 維持良好通風和適宜溫度

廚房是高溫悶熱的環境,必須維持良好的通風和溫度,不僅讓作
業環境變得舒適,也能避免食物在高溫下變質。一般建議裝設吊
隱式空調,優勢在於可安排出風口的位置。出風口建議設於備料
區,需避免設於爐火區附近,冷房效能較佳。

此外,透過排油煙機將空氣從廚房排出戶外時,廚房內部會形成
負壓,會使處於正壓的用餐區空氣流向廚房,能有效避免廚房味
道流向用餐區。

同時,廚房內部的空氣排出時,為了避免用餐區或室外新風流入
廚房的風量不足,造成廚房持續處在高溫不通風的環境,因此必
須設計補風系統,像是安裝抽風扇等,加強空氣流通。

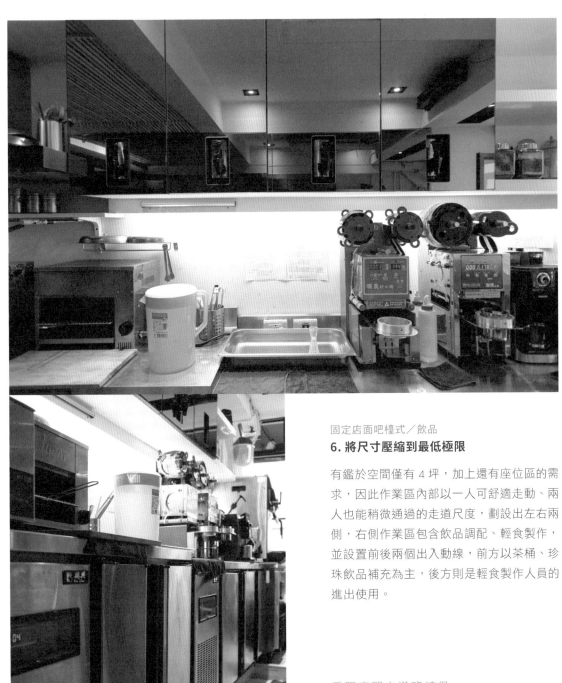

固定店面吧檯式／飲品

6. 將尺寸壓縮到最低極限

有鑑於空間僅有 4 坪，加上還有座位區的需求，因此作業區內部以一人可舒適走動、兩人也能稍微通過的走道尺度，劃設出左右兩側，右側作業區包含飲品調配、輕食製作，並設置前後兩個出入動線，前方以茶桶、珍珠飲品補充為主，後方則是輕食製作人員的進出使用。

受限空間走道略縮但
仍不影響兩人錯身

水槽較深方便洗滌大
型鍋具瓶罐

攝影 _Amily ／胭脂食品社

二樓店／漬物

7. 備料洗滌轉身就能作業

料理區與洗滌區選用現成的不鏽鋼廚
房設備，佈局呈現平行擺放，雙水槽
的設計在大量清洗瓶罐時非常實用，
平常不使用時也可以活動木板蓋住，
增加檯面的使用空間。雙側壁面也以
吊掛的方式作為收納，主要放置經常
使用到的廚房用具。

攝影＿曾信耀／和興號鮮魚湯

吧檯加高能遮擋難免零亂的作業檯面

攝影＿Amily

闆左右兩側料理區，方便工作兼具展示效果

固定店面吧檯式／小吃

8. 內廚房延伸吧檯料理分工

將主要熱食烹調區規劃在內廚房，方便控管衛生與油煙氣味，再透過傳菜口遞送完成的餐點，在吧檯內側做最後組裝，吧檯區也能加熱小菜等簡單的加工。

餐車／輕食

9. 車身兩側各作備料或烹飪用

考量空間限制，採以左右兩側各配置不同料理區域，右側主要為臥式冷藏櫃及微波爐，冷藏櫃的檯面可作為簡易料理切洗、裹粉平台，待食材處理後，則從中間遞至左側；左側配置冷凍櫃、油炸鍋、保溫鍋，提供食物油炸、裹醬、裝盛的作業，由右至左串聯出完整的出餐動線。

2-2 收納區

洗完晾乾收好明天
又要用

在商用廚房，收納是不停歇、不斷循環的工作，因此千萬不要挑戰自己的耐心及毅力，而是要根據每項工作的作業流程，分區規劃合適的收納。舉例來說，每天都要用的刀具鍋鏟湯瓢就不用刻意收進櫃子裡，但一週用一次的大鍋子堆放在外就會佔去作業空間影響效率，水槽旁或上方要設置暫放晾乾餐具的道具。開放式收納法不用開開關關櫃門，若擔心顯亂，可配合尺寸一致的收納道具使用，看過去還是有一致性。

掛勾是機
動靈活的
收納道具

攝影 _Amily／小日子 Cafe

固定店面吧檯式／飲品
1. 利用畸零空間作好備品收納

風格飲品店內部，在樓梯旁的梯形空間，運用 IKEA 的 IVAR 系統收納層架作為備品儲藏區，依照瓶瓶罐罐的大小，自由調整層板高低。

1

可自由調整層板高度
的款式超好用

攝影＿Amily／胭脂食品社 ② 2

攝影＿Amily／Everywhere Food Truck ③ 3

收納區也要鋪上布料

二樓店／漬物

2. 開放層架分門別類擺放

收納區以純白色的開放式層架為主要規
劃，分門別類的依據食材、工具、瓶罐
等作為區分，以實用與預算為考量，白
色的沖孔架與空間搭配得宜，也顯得清
爽開闊。

餐車／輕食

3. 後車箱是最佳後勤補給區

餐車一開出門，所有食材、備品、設備
都帶著走，活用車內空間是大學問。將
前場和後場配置在車身兩側，後車箱就
成放置食材備品的儲藏室兼備料區。

不僅節省空間，視覺
上也頗有趣味

攝影＿Peggy／好之麵線

4

攝影＿Peggy／好之麵線

5

最下面一層客人視線
看不到，可收較雜亂
的物品

可收式攤車／小吃

4. 善用牆面讓收納美觀又實用

約 7.5 坪的店面範圍內，容納攤車、
作業備料區及用餐區等空間，其中作
業區包含大型冰箱、營業用大型爐具
及備料收納需求等，機能空間必須妥
善規劃才能維持最佳動線，為避免雜
亂無章，小型用具也有專屬的位置，
利用木棧板將用具吊掛至牆面。

可收式攤車／小吃

5. 與攤車融為一體的收納

將臺灣傳統建築的燕尾與樑柱元素納
入攤車造型，攤車以木作打造，在麵
線大鍋旁的木作櫃，設置在觸手可及
之處，就近放置外帶杯、蓋及餐具。

免鎖角鋼耐重堅固
又易組裝

貨櫃／小酒館
6. 統一層架色系營造一致感

牆上陳列調酒的是購自 IKEA 的層
板，下方檯面則是免鎖角鋼，統
一漆成黑色，雖然樣式不同但因
色系一致，即使近看也不會有違
和感。

攝影：楊為仁／一點設計191

6

阿嬤的碗櫥遮住望
進作業區的視線

攝影＿楊為仁／女子餃子

固定店面櫥窗式／小吃

7. 巧用復古碗櫥收納兼美化

在爐台對面設置不鏽鋼檯面擺盤區，上方放置內
用餐具及外帶盒等物品，難免有些凌亂，一旁以
復古碗櫥增加收納同時遮掩作業區內部。

固定店面吧檯式／麵食

8. 帆布籃靈活收納雜物

不佔空間，用途廣泛的帆布收納籃，除了可以做
為顧客放置包包隨身物品的收納之用，也可分類
整理店內的外帶盒等備品與雜物，不需使用有門
的櫃體來遮掩雜亂，同時也省下做櫃子的空間與
成本。

攝影＿江建勳／喫糆《辣椒板麵》

透過動線整理，利用層
板及開放櫃體設計有效
率又不顯亂的出餐站

木盒式設計聚
集視覺焦點

攝影_Peggy／花山家宣飲麵舖

9

固定店面吧檯式／麵食

9. 木盒層架陳列商品

因應疫情下在家煮食的趨勢，除了配合外
送之外，店內也設立所謂的「店中店」，
即在入口的一隅設置展示架，販售店內的
產品，包含醬料、麵食、水餃等，可買回
家自行料理食用。

固定店面櫥窗式／小吃

10. 解決小空間的動線與收納

以鐵件工藝製作、懸掛於 1 樓天花的現代
化米桶，解決了劉雨樵取米的動作，只要
打開閥門就能拿取需要的米量，無需走上
2 樓。利用 L 型平台創造出料理機能，設
計師利用鐵件為檯面下的主要結構，上方
再鋪以古早紅色磨石子，既兼顧穩固性之
外，下方又能儲放各式爐具設備。

上端透氣的紗網內則是收
納大型木桶，化解狹窄空
間的儲藏問題

攝影_ SUNMAI CUBE

10

Point 2
作 業 區

2-3 特殊器材設備

因應料理種類設置規劃

不同類型的吃喝小店，會有獨特的爐具和烹調設備。像是義式料理，一定會配備義式煮麵機；而美式餐點則可能會有炸物、碳烤等料理，因此油炸爐、碳烤爐是首選之一。另外，中式料理多以大火快炒居多，因此設備以炒爐、瓦斯爐灶為主。咖啡廳則是以萃取咖啡的機具為主，並搭配製冰機或是儲冰槽，若有餐點的設計，多搭配簡易的電磁爐，若另外有甜點，則需再購置甜點冰櫃。不過，設備的選配多是由主廚或管理者與廚具廠商共同討論，多半依照廚師的使用習慣決定。

工 作 檯 面 為
60X90 公分

固定店面櫥窗式／甜點
1. 讓客人觀賞紅豆餅的誕生

紅豆餅的料理區與櫃檯相連，刻意打通的通透設計，讓顧客直接看到料理過程。依照爐具數量一桌設置一台，採平行配置，走道拉出一人可通過的間距，並留出放置瓦斯桶的區域。

攝影＿劉士誠／有時候紅豆餅

1

上方裝設排油煙系統，吸取
熱煙協助電爐降溫

爐具右側分割出開放式層板和抽
屜，收納各種備品和所需道具

影＿Amily／VEGE CREEK 蔬河－延吉店

固定店面吧檯式／蔬食滷味

2. 訂製滷味專屬除爐具設備

延續滷味攤的開放式料理檯，選用好清潔且
不易藏汙納垢的不鏽鋼材質，並結合廚具與
電爐廠商作技術性突破，解決電磁爐與不鏽
鋼之間無法相導電的問題，訂製出專屬的爐
具設備，此為較小型的無地排系統，左側為
可加添的備湯區（可隨時滷湯）及蔬菜待煮
區，有些蔬菜不耐煮會先放在此區，稍後再
煮；右側為一口爐分成六隔間的滷煮區，所
有食材烹飪完畢後盛入碗裡，放置在檯面上
出餐。

伸縮式檯面大增料
理便利性

點餐到製作飲品銜
接緊湊

攝影_Amily／小日子 Caf　　4

攝影_Amily／Everywhere Food Truck　　3

餐車／輕食

3. 隱藏式設計讓料理機能變強大

料理區所需機能不單只有爐火設備，像備料時所需的切菜檯面、簡單置物抽屜等，這些均以隱藏式設計來應對，輕輕拉取便能展開使用，便於店主在移動環做料理，同時也發揮餐車的每處空間。

固定店面吧檯式／飲品

4. 設備器材配置縮短走動距離

點餐檯結合收銀檯、飲料冰櫃與咖啡製作區，成為前段的 L 型出餐區。咖啡機、磨豆機在一條動線上。製冰機靠近出餐區，且位在咖啡機對側，方便汲取冰塊。

專訪饞食坊的廚房

在長型的格局中，率先決定內場最大型的電器
——六門凍藏冰箱的所在位置，接著考量最主要
的烹飪調理區作業動線，確立烤檯、炸爐、四口
爐、醬料收納推車、料理檯面、（備料用）水槽、
不銹鋼冰箱工作臺的順序；後段延展吧檯檯面，
放上桌上型展示冰箱和其他小型烹飪器具；與冰
箱同側的壁面安排次要的洗滌區與飲料製作區，
即使多人同時在廚房內工作，也能在各別區域不
相干擾。

在烤檯與炸爐上方規劃排煙罩，大量吸取油煙，
但為求增加空氣對流，除設置對外窗之外，更在
天花板上加裝新鮮風工程，把室外新鮮空氣帶
入，讓室內空氣產生循環替換。

此外，極致運用垂直空間增加收納，包括冰箱兩
側吊掛廚房用品，在牆面設層架，更於吧檯上方
設吊櫃，隨著機能曲折造型，對內收納餐廚用
具，對外作寄酒展示檯，不浪費任何一點空間。

作業區配置 TIPS

要有工作人員可以躲藏的地方，相對外場來說是
視覺的死角。垃圾桶要放在外場看不見的地方。

深水槽、不鏽鋼層架掛勾，方便晾乾暫放洗滌完
的用具，不做櫃門，收納用相同尺寸盒子或箱子
分類，拿取方便又不亂。

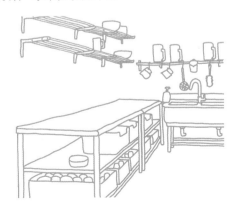

Point 3

點餐出餐區設計要點

．

設計流程引導動線避免壅塞

．

店面式的小型餐飲空間，大部分點餐櫃檯都兼具接待和結帳功能，因此位置通常設在靠近出入口處。為了避免外帶及等候的客人阻擋內用顧客進出，可將取餐區分開或擴大結帳區空間，以紓解結帳區的人流。為避免影響內用客人的用餐舒適度及行走動線，座位區和等待區至少要保持約 120 公分的距離。而流動式的吃喝小攤，通常很難將點餐、出餐區域劃分得這麼清楚，但為了維持先來後到的公平性，可透過流程設計讓客人理解配合，並透過號碼牌引導客人前來取餐。

有哪些元素組成

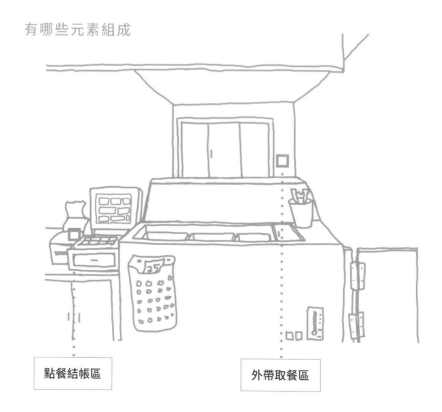

點餐結帳區

外帶取餐區

圖片提供＿力口建築／師園鹽酥雞

攝影＿Amily ／Congrats Café

攝影＿Amily ／鰻食坊

設計重點

・ 紅籃子吸引人拿起點菜

市場攤商多半會選用顏色鮮明的道具 ，像是滷味、鹽酥雞、關東煮等會準備籃子讓客人挑選食材，疊放亮麗紅色的籃子自然就會吸引客人注意，自己拿起開始夾選。

・ 跨步轉身就能觸及各作業區

店內吧檯身兼咖啡區、餐點區等機能，為了讓咖啡及各式餐點能快速完成，走道寬約 80 ～ 85 公分，一個小跨步就能轉身或往他處移動，快速取得材料沖泡咖啡或製作餐點。

・ 訂立流程客人店家有默契

因為店內座位不多，熟客通常會預先來電訂位，因此六點開門後，七點左右就滿座；工作人員帶位後臨桌點菜，接著到吧檯尾端的結帳區，用 POS 機打單，單子會出在吧檯轉彎處的出餐口旁，供廚師領單，進行料理製作。

3-1 點餐結帳區

資訊齊全流程清楚人就輕鬆

大部分的點餐櫃檯兼具接待和結帳的功能，因此位置通常設在較靠近出入口處，為了避免外帶以及等候的客人阻擋內用顧客的進出，可將取餐位置分開或是擴大結帳區的空間，紓解結帳區的擁擠。如有內用座位區，座位區與等待區之間至少要保持約 120 公分的距離。若為點菜結帳出餐同一窗口的類型，建議增設個小層板方便客人放包包找錢包等。

菜單放在收銀
台醒目位置

貨櫃／輕食

1. 均一價設計菜單提升效率

清爽俐落的鋁板收銀台，兼具收納機能。菜色及價位設計走精簡路線，飲品、三明治皆為均一價，提升收銀效率。

攝影 _Amily

1

櫃檯立面運用夾板、烤漆玻璃拼
成如箭頭的造型，視線自然順著
往內，暗示顧客行進動線

攝影 _ 沈仲達／BARONESS 小黑糖　2

攝影 _ 劉士誠／有時候紅豆餅　3

固定店面櫥窗式／飲品

2. 活動式點餐檯面活用空間

BARONESS 小黑糖將點餐、取餐櫃檯整合，由於空間實
在有限，夾板染黑的桌板放下成為延伸檯面，就是點餐
和放置成品的區域，當桌板收起就代表打烊了。

固定店面櫥窗式／甜點

3. 藉由立牌文宣引導點餐動線

由於收銀點餐所空間不需太大，因此僅留下一人可活動
的寬度，並透過桌上的立牌標示來引導顧客前往點餐。
同時與工作區相連，通透的設計讓點餐的客人可以直接
看到製作模樣，也留出內部送餐的空間。

攝影＿沈仲達

固定店面櫥窗式／飲品

4. 點餐後往右依號碼牌取餐

取餐區同樣也是櫃檯，櫃檯立面擷取中國窗櫺線條予以簡化，創造豐富的視覺效果，顧客點完飲品後移動至右側等候，再由店員依照號碼請顧客領取飲料。

固定店面吧檯式／小吃

5. 雙櫥

為「東湖王家水餃」二代店，餃子樂信義店即便位處商圈鬧區，選擇相對低調寧靜的巷弄之間，巷弄裡的美食秘境，各家門市的識別都是由設計品牌「BrutCake」操刀，看中其「堅持手作、傳遞幸福快樂」的理念與餃子樂不謀而合；透過手繪加持的獨特、溫暖與親切感，賦予品牌 LOGO、器皿、牆壁掛飾到整體空間，都帶有和諧、舒服的用餐氛圍。

自助拿取吸管回收
塑膠套省人力

手寫字看板拉近與
顧客的距離

攝影＿Amily ／餃子樂

攝影＿Amily ／胭脂食品社

6

免鎖角鋼與輪子讓吧
檯隨時可變化機能

二樓店／漬物

6. 活動式吧檯賦予多重功能

取餐區與產品區是店內的核心，為了增加
空間的可變性，特別訂做了活動式的角鋼
架，作為吧檯區，並利用隔層，同時陳列
產品並具收銀、取餐的功能。

左側北歐壁櫃之後會
結合不同品牌展示商
品，客人等候之餘也
能隨興瀏覽

固定店面吧檯式／蔬食滷味

4. 簡潔吧檯具備三合一功能

不鏽鋼廚具搭配壁面 LOGO 和造型吊燈，
成為長型格局的端景，結合結帳區、取出
餐區以及烹飪區，客人把帆布購物袋給工
作人員後，結帳並領取號碼牌等待叫號，
取餐時可依照需求添加醬料，再把餐端至
長桌上享用。

攝影＿Amily／幸福堂　　8

點餐與取餐同一個櫃台
但以動線分流

攝影＿胡勛格／盛橋刈包　　9

圖文並茂，說明清楚，才
能真正節省人力

固定店面櫥窗式／手搖飲

8. 以不鏽鋼伸縮圍欄區隔動線

店鋪的檯面高度設定，刻意不超過 80cm，其目的就在於拉近與
消費者之間的距離，並營造開放式廚房般的場域，呈現乾淨、
通透的明亮視覺，其飲品製備流程一目了然，令人心安。

固定店面櫥窗式／小吃

9. 餐卷販賣機簡化點餐流程

由於刈包要用手接觸食材，穿脱手套結帳效率大打折扣，也有
衛生疑慮，導入餐卷販賣機，客人點餐付費後，將餐卷交給工
作人員製作餐食，也提升效率。

固定店面櫥窗式／小吃

10. 以美食款待客人的真情窗口

實體店落腳於台南八吉境下太子開基昆沙宮旁轉角邊間小透天老宅，將原本入口挪至側面，既有入口變成摺窗與板前座位形式，自然地傳遞美食，也讓店主能親近客人保有互動。

高度設定可自然
與顧客互動

攝影_Peggy／青鳥屋

攝影 _ 楊為仁／九記食糖水 11

前方擺設的模型，是
店主說明糖水製作的
小道具

攝影 _ 楊為仁／九記食糖水 12

取餐後店主還會繼續和客人互
動，示範古代奸商用秤偷斤兩
的路數

貨櫃／甜品

11. 復古櫃台以竹簡菜單定義點餐區

客人可能因為陳列的擺飾被吸引入內，但要
點餐的時候，菜單所在就是點餐區所在。平
鋪的竹簡引人好奇，小隸字體更讓人一頭霧
水，此時店主開口詢問，便開啟了以糖水文
化為梗交流互動的可能。

貨櫃／甜品

12. 收銀也要大玩港片經典梗

L型櫃檯一側規劃為點餐區，另一側則讓出
檯面做取餐區，擺設了港片積點橋段出現的
捐獻箱，它就是收銀機。

Point 3
出餐區

3-2 外帶取餐區

給客人留下好印象的最後關卡

外帶及等候區位置的安排也要視餐廳規模來評估,大型連鎖店講求效率,需要快速消化人潮,因此點餐區和取餐區位置距離會拉開,以保持點餐動線的流暢。而小型的個人咖啡館或小店人潮相對較少,在不影響主動線的原則下,可在鄰近櫃檯處安排外帶等候區。

除非場地夠大或是以外帶為主的店,建議外帶區最好結合入口的吧檯設計,可加大吧檯納入外帶區。若門面夠大,條件俱足則可另外思考設計,如做一個另外開窗的可愛外帶區,做成吸引目光的端景。

攝影 _Amily

點餐收錢後隨即到作業區進行料理

餐車／輕食
1. 置中收銀台維持點餐與取餐秩序

取餐區及收銀台配置於餐車右後方,除了方便點單與給餐,同時也藉此設計引導動線,維持取餐秩序;考量攜帶便利度,以方型漢堡紙盒與圓型飯盒做外帶餐盒設計,可以拿著邊走邊吃或打包外帶。

陳列蔬果依不同色系交錯擺

攝影_Peggy ／嗎哪關東煮 ③

EVERYWHERE

攝影_Amily ／ Everywhere Food Truck ②

餐車／輕食

2. 前台區各處設計皆有用意

前台區上方保留部分空間，是為了完成料理後可直接傳遞給負責外場的夥伴，至於下方則配置了小小的檯面，作為接到餐點後，再做最後的盛裝潤飾之用。

固定店面櫥窗式／小吃

3. 食材陳列給客人深刻印象

點餐與取餐區皆為同一窗口，也是顧客對於嗎哪關東煮的第一印象，店主對食材陳列有著職人般的堅持，當日蔬果分門別類，或站立或堆疊，創造視覺豐富度。

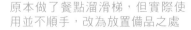

原本做了餐點溜滑梯，但實際使用並不順手，改為放置備品之處

將自製自售泡菜、辣椒放在點餐區附近，吸引客人購買

攝影 _ 楊為仁／一碗豆腐

可收式攤車／小吃

4. 小攤點餐取餐貴在機靈和效率

在攤子旁邊規劃一個小區塊，讓客人填單點餐和取餐，由於就在作業區旁，所以做好的臭豆腐可以迅速的送到客人手上。

固定店面吧檯式／小吃

5. 入口走道設置多用途長條凳

外帶餐點最怕漏拿，窗口平台及一旁的長凳，可讓店家與顧客確認餐點是否齊全，店鋪前面與側面雙開口，人多時也能達到分流效果。

攝影 _Peggy ／丁山肉丸

將廚房設置在店面前段，準備餐點的同時可注意到客人與外送員的動靜

攝影_Amily／小日子 Cafe　6

攝影_Peggy／丁山肉丸　7

櫃檯開出櫥窗，可見冰涼啤酒
和冷泡茶商品

上掀式擋板營業時打開，打烊
時放下

固定店面櫥窗式／飲品

6. 取餐後再決定帶走或內用

飲料鋪不同於咖啡廳，客人在點餐檯點完飲料後領取號碼單，在旁稍
等或到對面「小日子商　選物店」逛逛，憑號碼單領取飲料後，即可
從進入與點餐檯互不干擾的室內座位區或戶外座位區。

固定店面吧檯式／小吃

7. 活動餐車午餐時段外賣便當

因應新產品開發與疫情期間外帶增加，製作了活動攤車販售外帶便當，
營業時將攤車外推固定，打烊時可收起放置在店旁。

攝影 _Amily ／ BRIDGISAN 橋下大叔　　8

攝影 _ 曾信耀／小ㄚ鳳‧浮水魚羹　　9

靠走道面刻意削成斜
角，進出更順暢

結帳區在廚房旁邊，方便
遞餐給外帶客人或外送員

固定店面吧檯式／輕食、台式菜飯

8. 吧檯是店內的靈魂核心

鏤空的木作吧檯結合 MENU 板、酒櫃展
示、點餐及結帳區，採通透式的設計，架
高的地面使內場與外場有更明確的分野。

固定店面吧檯式／小吃

9. 開放式廚房點餐結帳外帶一站解決

由於小吃麵攤人力通常有限，通常會採取
一站式服務，將服務結帳櫃台與開放式廚
房結合，工作人員能與顧客直接互動，做
好的餐點也能直接拿給等候外帶的客人。

攝影 _ 胡勛格／盛橋刈包

10

透過櫃台向顧客遞餐解說
創造儀式感

固定店面吧檯式／小吃
10. 復古櫃台營造親切互動體驗

將點餐交給外面的餐卷機，雖然少了第一線向客人介紹餐點的
互動，但透過開放式廚房讓顧客看到餐點製作過程與器材，增
加對餐點的信任感，看到自己的餐點被完成，並從工作人員手
中接過餐點，讓等待候餐的過程成為用餐體驗的一部分。

3-3 外帶包裝設計

細膩且直接傳達品牌精神

CI 設計是能最直接傳遞店鋪定位、精神的媒介。外帶為主的吃喝小店攤，必須有良好的包裝設計。包裝設計有時比較接近工業設計，如果是以外帶為主的餐車或是小店，那包裝設計與餐具設計便是重點，是餐廳的延伸，可以延長顧客的體驗時間。此外，有時為了打造品牌形象，有時當店鋪已經邁入軌道，需要更進一步的提升服務，或是建立品牌知名度，餐廳或咖啡廳也會自行製作餐具或相關產品，例如馬克杯，筷套，杯墊等等。

攝影　Amily ／ Uranium X 不要對我尖叫

貨櫃／輕食、飲品

1. 外帶要便於手拿還要炫耀

適於一手掌握的三明治盒，便於顧客拿取食用，透明冷飲杯則襯托飲品主打漸層堆疊的驚豔視覺效果。

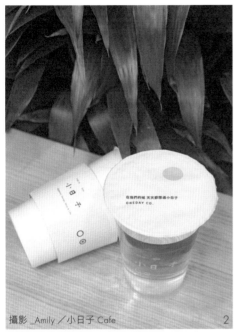

攝影＿Amily／小日子 Cafe 2

攝影＿江建勳／吃麵《辣椒板麵》

公版盒搭配品牌 LOGO
設計小卡營造品牌印象

固定店面櫥窗式／飲品

2. 封膜材質也要精心講究

這裡僅提供外帶杯，氣泡飲經測試後發現
最適當的容量為 500cc，咖啡類飲品為標
準 12oz，其他飲料有 500cc 和 700cc 兩種
尺寸供選擇，冷飲杯以具有人文質感的紙
膜封口，黃色的小太陽訴說著小日子的活
力與朝氣。

固定店面吧檯式／麵食

3. 麵與配料分隔食用前再組合

外帶麵食最不希望麵條糊成一團，為了讓
客人外帶時有能吃到有如剛煮好的口感，
外帶盒採雙層式麵料分隔設計，要吃時候
將配料倒入下層拌勻，不論是外帶或透過
外送，不會因路途震動讓配料混在一起。

攝影＿Peggy　　4

攝影＿楊為仁　　5

固定店面吧檯式／便當

4. 文青風格包裝健康飽餐的美味

選用經檢驗合格的木片便當盒，帶回去吃也不會
產生水氣改變口感。配菜則用有分隔的紙盒盛
裝，避免味道混雜干擾，特製外包裝紙設計與招
牌一致，成為品牌的記憶點。

固定店面吧檯式／小吃

5. 特製包裝盒打開如內用擺盤

外帶涼麵，一般都是用塑膠袋分別裝麵條和醬
汁，在家食用時總是沾得一手都是，因此店主特
別設計了外帶紙盒，能夠完整呈現餐點樣貌，醬
汁可直接倒入盒中即可食用。

攝影_陳婷芳／糯夫米糕 6

攝影_曾信耀／糯夫米糕

兩輪腳踏車式攤車／小吃

6. 用特製貼紙建立品牌形象

經營小攤初期難以一次將包裝設計製作到位,使用公版紙盒也可利用品牌形象貼紙,以相對低的成本建立客人對小攤品牌的印象。

固定店面吧檯式／小吃

7. 讓包裝成為最稱職的「沉默銷售員」

過往的小吃尚未形成「經營品牌」的意識,若有外帶包裝的需求時,也是以最簡易的塑膠袋來承裝餐點。如今無論是二代經營或者新創品牌,都必須重視「品牌精神」的延展,即使是包裝材料亦不可忽視,例如將 LOGO 印上外包裝是十分常見的方式,可輕鬆達到宣傳的效果;若想仰賴特殊的外包裝造型來引起熱潮,也須思考顧客攜帶的方便性,勿讓原本立意良好的巧思成為一種負擔。

固定店面吧檯式／小吃

8. 外帶包裝若有分層設計為佳

外送平台崛起,傳統小吃若想提供外帶服務,最重要的便是如何避免麵體在運送的過程,沉浸在湯汁、醬料中過久而變得軟爛,影響了風味與口感。在選擇外帶包裝盒時,可選用具有分層設計的款式,讓餐點在運送到客人手上時仍能維持一定的品質。

雙邊開口
方便食用

攝影_胡勛格／盛橋 7

攝影_Amily／鬧聚 8

Point 4

座位區設計要點

·

同時考量翻桌率和客人感受

·

一般餐飲空間計算座位區的坪數，大致可這樣推導：餐廳空間＝（座椅面積／客席）× 客數。但這只能粗估來客容量，因為餐桌大小與座椅尺寸不一，排列組合方式及空間裝潢的變數也很大。就小店攤的情況而言，空間是考驗想像力和創意生出來的，只能參考一般的人體工學尺寸再做變通，加上吃喝小店攤的菜色不像餐廳那麼複雜，客人多半吃完就走，因此規劃座位區的用意不在氛圍及舒適，而是給客人一個方便，除了外帶多一項選擇。

有哪些元素組成

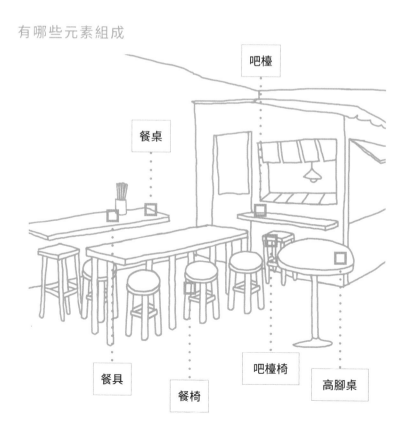

吧檯

餐桌

餐具

餐椅

吧檯椅

高腳桌

圖片提供＿韓建豪建築師事務所
+PartiDesign Studio ／ AMP Cafe

攝影＿Amily ／小王煮瓜

設計重點

· 傢具是型塑風格的要素

造型與編織手法皆具特色的木椅，不只顧及到舒適
度，復古外型也讓人有如置身閒適的歐洲小咖啡館。

· 木質感帶出小食悠閒氛圍

人們去小店攤用餐，期待的不是大餐，而是嘗些點心
或小吃，吃巧吃飽為優先，傳統小吃復古懷舊的印象，
與木質十分合襯，且材質形式變化多，又能根據預算
選購製作。

· 根據想給客人的感受配置傢具

座椅類型予人截然不同的心理感受。入口附近擺放高
腳桌椅，讓客人感到自在無壓力，再往內可擺放餐桌
椅或沙發，形成沉穩且令人安心的區域，藉此增加客
人們的「被款待感」。

插畫＿黃雅方

4-1 立食區

可短暫歇息吃完就走

早期臺灣不時興站著吃,到外面餐廳或酒吧,都是要花錢享受一下的,近年來由於日本的立食風氣影響了臺灣,也開始有高級料理反其道推出立食形式的用餐方式,站著吃新鮮美味的日本料理或海鮮,比起高級料亭價格合理,店家也賺得翻桌率。對於小店攤來說,即使是個移動式的小攤,從攤子延伸一塊活動層板,或是添購幾張高腳桌,就能讓客人多了「內用」的選擇,客人停留時間變長也會營造出人氣十足的氣氛,但又不至於佔著位置不走。

呼應整體店觀色調,以白色、銀色為主要基調

貨櫃╱輕食、飲品

1. 立食區營造輕鬆用餐氛圍

為營造彷若國外立食的輕鬆氛圍,原先僅規劃幾張小型立食圓桌,後來考量家庭顧客需求,又增設幾處座位區。

攝影_Amily 1

透過立食設計
增加翻桌率

攝影／劉士誠／有時候紅豆餅　2

攝影／Peggy／盛×刈包　3

利用柱體造型架設木頭層板

固定店面櫥窗式／甜點

2. 不佔空間的立桌設計

由於是面寬較窄的長型街屋格局，因此將
作業區與座位區一分為二，為了適應窄長
的空間，沿牆設置高腳桌，刻意不放椅子，
不僅留出更多空間方便進出，也能讓更多
人進入。

固定店面吧檯式／小吃

3. 利用騎樓柱體設置立食區

位於舊城區綠川旁的老房子，利用建築本
身的拱形騎樓柱子，加裝大約 20 公分深的
層板，作為外帶等候或立食區，既不占位
置還能陳列店內使用的地方醬料品牌商品。

4-2 吧檯式座位

氛圍獨具空間小也能設置

吧檯對小酒館、咖啡館及強調互動的小館子來説，是店裡的魅力所在，不同的高度、設計形式與座椅形式，會予人截然不同的感受。有座位功能的吧檯，在桌面材質的選擇上，建議以木皮、實木或是具有實木刻痕凹凸面的美耐板為主，觸感較為舒適，同時也兼具好清理保養的優點。

酒吧

1. 不同料理適用的吧檯高度

隨著座位與店員的距離食物或飲品提供方式不同，吧檯也有各種不同的高度，吧檯較高時，高度與台面差不多高的腰板也會變得醒目，設計時請務必留意；而腳踏板也盡量使用就算被踢髒也不太明顯的材質。

櫃檯

牛丼或快餐店

小餐廳

鐵板燒

壽司店

攝影 _Peggy／好之麵線

2

延續木攤車意
象，利用木板
遮住分鄰的鐵
捲門，還能吊
掛裝飾

可收式攤車／小吃

2. 精心布局吃一碗麵線的時光

日落西山，華燈初上，攤車展開，賣
的不只口中嘗的麵線滋味，還有對家
人的情感與懷念舊時光，攤車闢出 L
型吧檯，坐在屋簷布幕下有如置身日
本屋台，或者還有靠牆的吧檯可選，
靜靜享受一碗麵線的滋味。

外推式窗型
特別具有異
國風情

攝影 _Amily ／餓食坊 3

固定店面吧檯式／小酒館

3. 都會中難得的露天用餐情境

運用房子後方的簷下空間,自腰牆延伸出
戶外的座位區,兩面大窗掀起後,拉幾張
椅凳,就能在彩繪布簾下,乘著徐徐晚風
享受美味佳餚。

貨櫃／小酒館

4. 透過窗景吧檯人與人自然互動

一樓貨櫃戶外吧檯,橘色立面外推出白色
窗框,就著木平台嘗一杯互動式雞尾酒,
坐在那兒也能與調酒師互動。

攝影 _ 楊為仁／一點／酒意 4

高腳椅用免鎖角鋼
結構,也可作為劇
場道具。

攝影＿江建勳／小良絆涼麵專賣店

5

....

圓凳選鐵件椅腳較木頭材
質視覺感受更輕盈

固定店面吧檯式／麵食

5. 狹長走道爭取內用座位

許多小店開在有時間感的長型街屋
中，扣除必要內場空間，已無法在設
置標準尺寸的桌椅供內用，考量吃
涼麵的餐具尺寸及通常 30 分鐘內完
食，因此在吧檯外側裝設 25 公分左
右的層板，搭配復古造型圓凳，既節
省空間又與店內風格匹配。

易清潔又充滿懷舊感的磨石
子出餐檯引人注目

圖片提供_力口建築／師園鹽酥雞

6

攝影_Amily

7

木桶搭配遮陽傘做
出風格座位區

可收式攤車／小吃
6. 纖細椅子尺寸略縮的坪效策略

中島吧檯櫃旁邊的出餐檯作為較低地坪與
架高室內區的分水嶺，座位區中段的「吧
檯用餐區」採用訂製高腳桌椅，視覺穿透
性強尺寸略小，有限坪數中爭取最高座位
坪效。

貨櫃／小酒館
7. 木質桌椅為冷冽工業風添溫度

為平衡店內工業風的冷冽，於吧檯兩側擺
設木質高腳桌椅，為空間增添木質溫度，
更添放鬆情境。

攝影 _Amily ／ BRIDGISAN 橋下大叔

8

盛裝下酒菜及小吃的盤子不
大,因此檯面深度可以略淺

玻璃是引光入
室、放大空間
的首用材料

固定店面吧檯式／輕食、台式菜飯

8. 傢具燈飾選擇通透纖細的材料

沿牆面設置 DIY 手感木板,規劃吧檯式座
位;正面、側面大幅使用玻璃材質,向街
邊借光借景,選用倚腳纖細的椅凳及透明
吊燈,維持店內的透視性。

固定店面吧檯式／小酒館

9. 入座有彈性的吧檯桌區

在吧檯周圍預留舒適的走道寬度後,於兩
側增設吧檯座位區,即便是一人晚餐或三
兩朋友小聚都能彈性入座。

攝影 _Amily ／ 饞食坊

9

攝影_Peggy ／好之麵線　10

柔和的溫暖黃光讓人
感到放鬆得到撫慰

角落擺放餐具沾醬身
兼服務檯

攝影_Peggy ／嗎哪關東煮　11

可收式攤車／小吃
10. 攤車吧檯座位讓氣氛變熱絡

不論是一個人前往用餐還是有伴一起，圍坐在攤車旁，不經意聽到鄰座談天而搭話，宛如「深夜食堂」般自在的用餐氛圍。

固定店面櫥窗式／小吃
11. 一個層板就多了一區座位

在鄰居工作室的外面裝設層板作為吧檯座位區，玻璃窗內是模型工作室，品嘗關東煮時還可欣賞精巧的各式模型。

4-3 內用座位區

桌椅舒適度決定翻桌率

如何配置內用座位呢？除了依據坪數抓出適合的座位數外，更重要的是「位置安排」，其中一大原則就是依據想讓客人看見的風景做規劃，如希望能望見造型光鮮的吧檯區、賞心悅目的窗景庭園，或是主題式的裝飾牆、藝術陳列等等，當每個位置都能有位客人設定的專屬風景，自然能營造出最好的用餐氣氛。此外，每 20 ～ 30 個座位應設置一個簡單的服務檯，提供客人餐具菜單茶水，小型服務台的尺寸約 50 ～ 60 公分寬，91 ～ 97 公分高，可放置自取的水杯、餐具等。

窄桌拉近彼此的距離感

固定店面櫥窗式／小吃

1. 巧手改造變出吧檯座位

座位區僅能容納不到 10 人，除了內側的吧檯座位，中央擺放舊紅酒箱製作的桌子，大小適宜，更有著與日式小屋相契的質樸韻味。

攝影_Peggy ／嗎哪關東煮

攝影＿Amily／Congrats Cafe

2

座位區使用傢具為商品，
每次來都有驚喜

攝影＿楊為仁／一碗豆腐

3

小學課桌椅營造懷舊感

二樓店／咖啡
2. 坐了喜歡可以買回家

店內傢具來自一樓的二手傢具店，這些傢
具、燈具都是可買回去的商品，因此店內
座位會隨傢具銷售情況及傢具店進貨款式
調整擺設，每隔一段時間店內風情就有新
貌，也帶給常客造訪時的小小驚喜。

可收式攤車／小吃
3. 就是要坐下來吃一碗豆腐

一碗豆腐的座位區有兩處，一個是攤子正
前方的長條板凳，可坐兩個人，另外在攤
子的左側擺兩張國小課桌椅，最多可以容
納9人。

攝影＿江建勳／吃樞《辣椒板麵》

藉由吧檯與精算雙人桌尺寸，爭取走
道寬度方便送餐

固定店面吧檯式／麵食

4. 順應空間規劃不同座位類型

在有限空間中規劃座位區，用餐舒適度與容納客席之
間的拿捏至關緊要。廚房外側牆面規劃吧檯式座位，
趕時間的人吃完就走，臨窗處運用柱體深度架層板，
有效利用轉角空間。

無椅背的圓凳不僅輕巧好移
動,內部走道也變得順暢無礙

攝影＿Amily／小日子 Cafe

固定店面櫥窗式／飲品

5. 欣賞巷弄風景的臨窗雅座

依著落地窗設置節省空間的吧檯座位
區,隨來隨坐還可觀賞巷弄景致,後
側靠牆提供略為寬敞的方桌,讓經常
前來的學生們討論功課或使用筆電。

固定店面櫥窗式／飲品

6. 窄版桌面高腳椅營造時尚氣氛

BARONESS 小黑糖的座位區分為室內
與戶外花園,室內座位桌面選用黑色
美耐板材質打造,兼顧耐用、預算與
品牌質感定位;戶外座位桌面則是因
應要防水、耐日曬,因此採用南方松
以油性漆染灰藍色調。

搭配黑鐵質感吧
檯椅,營造英倫
時尚精緻感

攝影＿沈仲昜／BARONESS小黑糖

原木桌板帶來溫潤清新的氣氛

攝影_Amily／胭脂食品社 7

攝影_Amily／VEGE CREEK 蔬河－延吉店 8

自北歐的古董邊
櫃，放置讓客人
自由取用的杯水

二樓店／漬物

7. 在老屋中享受寧靜與悠閒

胭脂食品社每週有兩天對外開放，會
提供飲品與簡單的餐食，可供來訪的
遊客享用。座位分為兩區，入口的座
位可容納 4 人，空間內部尚有另一獨
立的座位區可容納 6 人，搭配圓形板
凳，只要有空位都可隨性的坐下休息。

固定店面吧檯式／蔬食滷味

8. 大桌共享美食輕鬆交流

店內空間被一分為二，左側為選購區，
右側為座位區，中間留有較寬敞的通
道，保持動線流暢。將一間老屋的長
樑剖半後，重組成長達五米的木餐桌，
搭配 DIY 的木椅凳，不分桌的設計增
加客人彼此互動的機會。歐洲中世紀
的玻璃吊燈為簡約質樸的內部空間注
入一派洗鍊的優雅。

固定店面吧檯式／麵食

9.活動式方桌方便變化客席

以方桌、圓凳為單位,可隨需要組合
不同人數的桌型,平常是兩桌相併,
人數多可再併桌延伸,而若是需要加
大室內社交距離,也可靈活調整桌距
或排列方式。

木質桌板與椅凳,搭配漆黑金
屬桌腳椅腳,營造清爽的視覺
感受

攝影 _Amily ／師園鹽酥雞   10

不鏽鋼桌面設計品牌 LOGO 與文案，
強化品牌印象

攝影 _Amily ／ BRIDGISAN 橋下大叔   11

工業感高腳椅營造
有個性的用餐空間

固定店面櫥窗式／炸物

10. 營造台式炸物店的熱鬧氛圍

多為外帶的鹽酥雞炸物設點在年輕潮流的西門，在店鋪後方設計了內用區，逛街累了可以
來歇腳吃點東西喝飲料，考量用餐時間不長以及座位使用效率，沿牆設置類吧檯座位區，
中間則用較節省空間的圓桌，並以高度一致的板凳讓客人自由運用，醒目的品牌意象霓虹
燈為空間注入歡樂台味。

固定店面吧檯式／輕食、台式菜飯

11. 素材拼組形塑視覺焦點大餐桌

以 IKEA 可調式的桌腳搭配木質桌板，創造出一個可容納 10 人的長餐桌，擺在用餐區中間，
不同的位置可望見店內不同角落的風景。

固定店面吧檯式／小酒館

12. 活動式木桌可調整用餐人數

為使店內的座位數極大化，在入門後的位置擺放兩張訂製的木桌（70X140cm），團體客人來用餐也不會過分擁擠。

固定店面吧檯式／小吃

13. 巧用戶外室內設置座位

寬敞騎樓設置板凳方便候位或外帶的顧客稍坐，活動式戶外座位可紓解假日用餐時段的候位壓力。內部則規劃了吧檯式坐位與一般桌椅坐位，在有限空間中爭取客席數且仍能有一定的走道寬度。

斜屋頂與吊扇營
造慵懶用餐氛圍

攝影_Amily／饞食坊　12

不同坐位高度營造
不同用餐體驗

攝影_曾信耀／和興號鮮魚湯　13

攝影 _ 楊為仁／一點／酒意 1.91 14

攝影 _ 楊為仁／一點／酒意 1.91 15

天花板預留安
裝各種表演設
備所需的固定
溝槽孔洞

臥榻下方其實是收納
備品的儲物空間

貨櫃／小酒館
14. 開窗和臥榻營造 Lounge 氛圍

小酒館的慵懶微醺氣氛，少不了沙發或臥榻一
類的座位形式，以最精省的方式打造臨窗臥
榻，透過布藝、燈飾及擺設營造氣氛。

貨櫃／小酒館
15. 活動傢具創造空間最大可用性

希望盡己之力提供創作者演出展覽的平台，小
酒館二樓設定為多用途空間，桌椅可以收起或
移動，預留舉辦展覽、演唱、舞蹈、戲劇等活
動的彈性變化。

現已難尋的優雅紋理
台檜，竟出現在街頭
小吃店內

攝影＿楊為仁／女子餃子　16

固定店面櫥窗式／小吃

16. 檜木床板變身餐桌大改造

店主之一的老家有不再使用的舊眠床，發現床板竟是台灣檜木，並請木工將之做成店內座位的桌子，溫潤的質地為用餐情境大為加分。

固定店面吧檯式／小吃

17. 大稻埕老屋內的新型麵攤

在大稻埕的百年老屋裡，保有紅磚牆、老窗花的木造結構，以大面積潔白空間作為定調的「津美妙」，結合台式美學的底蘊營造出清新文青氣息，

復古造型桌椅圓凳
呼應品牌精神

攝影＿Amily／津美妙　17

PART 3

從 無 到 有 小 店 攤 主 經 驗 分 享

開 店 是 機 會 更 是 充 滿 挑 戰

最好的時代，也是最壞的時代，對把握機會、堅持到底的人，時代好壞其實也沒那麼要緊。常聽説市場飽和、經濟萎縮或生意不好做等等的消極言論，其實只是經營者能否經得起考驗，「市場飽和」是種假議題，真的去調查市佔率，離飽和還有一大段距離，但市場確實是瞬息萬變，必須跟上潮流的腳步，隨時調整。現在投入餐飲創業，沒有絕對標準答案，但必須具備的事想做的決心，有心最要緊，想做就會生出辦法。

Step 1

為何而開

Check list

1 初衷是什麼：＿＿＿＿＿＿＿＿＿＿＿＿＿＿＿

2 有多想要做這件事（從 1 到 10 給分）＿＿＿＿＿＿

3 店賣什麼：＿＿＿＿＿＿＿＿＿＿＿＿＿＿＿＿

4 店長什麼樣子：＿＿＿＿＿＿＿＿＿＿＿＿＿

5 開店的目的：＿＿＿＿＿＿＿＿＿＿＿＿＿＿

6 資金或能力不足的部分如何補齊：＿＿＿＿＿＿

在萌生開店的念頭起，請持續三個月每天問自己這幾個問題，並將它記錄下來，三個月後，你的答案越來越明確，想開店的動力隨時間過去越來越強烈，且沒擔心考慮過失敗了怎麼辦，那麼就依隨你心，放膽開始進行吧。

確定自己開店的初衷、也描繪出自己的店的模樣了，要賣什麼料理，通常從自己喜歡開始，自己喜歡吃的東西，應該有熱情去鑽研，也會想與人分享。選擇產品最忌諱跟風，現在流行什麼就賣什麼，如果連自己都沒有愛，要怎麼感染別人？

投身餐飲業，如果對烹調製作完全不懂也沒興趣，那還是去投資就好，千萬不要自己經營，若你非銀彈充足賠錢收場也不在意並無關痛癢，那麼一定要親自去學，並去了解市場上對你打算賣的東西接受度如何，目標族群是那類人，你的競爭對手是誰，他們的食物口味吃起來如何，盡可能去做細市場調查，分析該店成功之處及可再改進之處，回頭審視自己的開店計畫，想賣的料理是否勝過他們……就像著了魔一樣地想著這些事。

有了這樣的覺悟，究竟為何而開也不是那麼重要了，因為你已置身在「我要開店」的模式裡了。

糯夫米糕

2015 年 7 月 2 日，劉雨樵以一台阿公早年載虱目魚的腳踏車，裝載著兒時滋味——阿嬤的麻油米糕，從此展開長達 4 年多的流浪米糕生涯，並花了 2 年時間於 2017 推出宅配真空包米糕，2020 年 4 月結束流浪的日子，實體店落腳於台南八吉境下太子開基昆沙宮旁。在台南擁有超高人氣的糯夫米糕，開業 4 年多來總是騎著阿公的老鐵馬擺攤，從最初一天 20 碗賣不完，到後來所到之處滿滿的排隊人潮，年齡層橫跨老中青三代，如今有了實體店面，無需到處流浪、看天吃飯。走道開設實體店面這一步，其實並不在劉雨樵的計畫當中，一開始偶然被這間小透天房子所吸引，實際走訪發現附近環境舒服又可愛，旁邊剛好就是八吉境下太子開基昆沙宮，讓他不禁回想起兒時跟著阿公阿嬤坐在廟口吃飯的畫面，他開始想像，假如糯夫米糕開在這裡，會是什麼樣的一個狀態？廟埕旁品嚐台式米糕小吃，應該會是很適合的氛圍。即便開了店，他一如既往地做著同樣的事，也由於烹煮工序多、時間冗長，對身體來說負擔也很大，每天產出的量自然受限，並非某些人所認知的飢餓行銷，一路以來的堅持專注投入，除了糯夫米糕傳承保留外婆口味的意義，更期許糯夫品牌成為家鄉名產。

Step 2

籌備過程

開店前最重要的就是要檢視創業的最核心，也就是經營理念，未來所有開店的所有工作，都必須環繞這個核心的價值，從此延伸出產品的概念，例如空間設計的概念、擺設的概念、一直到服務的概念，簡而言之，就如同許多市面上的餐飲品牌，一個餐廳最終會成為一個品牌，因為它所帶來的將會是一個綿密的體驗、你可以說它是一個故事或是一個夢、建立在無形的品牌價值之上。

當堅定了自己的理念與經營模式後，就開始需要客觀考慮想要賣給誰？想要給客人什麼？而客人又需要什麼？餐飲業是講求人與人交流的一個行業，唯有重視雙方的需求才能長久經營。在開業之前向專業人士，例如不動產業者、裝潢設計業者、投資者、家人、協助者進行溝通也是十分重要的。

16 歲可以工讀起就在餐飲業工作，大學念的是劇場藝術，兩件事情都是生命中熱愛且重要的事，但劇場不靠補助實難以維生，也就一直在餐飲業中前進，直到一個都發局的園區進駐標案，將是這兩件事結合的機會，於是用力爭取這個進駐園區，與政府公部門交涉、完全沒有裝修經驗要思考兩層貨櫃的空間如何規劃，這個機會就像在驗收過去學習歷練的成果，不會就問，不懂就學，不被現實及難題困住，「如果你真的很想要完成一件事，全世界都會來幫助你」，園區 4 月開幕，未來的路，走下去才知道。

一點 / 酒意 1.91

小良絆涼面專賣店

週末假日喜歡在家裡自己動手做料理,可以逐一個開店夢嗎? 3年前看到台灣刈包在英國大受好評,便決定以小吃為創業起點,將結婚儲蓄基金轉為創業基金,期待品牌也能以獨特創新的方式包裝台灣小吃。

「以客戶的心情做最大考量,做什麼都會成功。」Kuokuo 提到他們在做決定前都會以顧客心情來思考,什麼樣的餐點或環境會是讓人感到舒適,且會渴望一再光顧?也因此店名取為「小良絆」,除了有涼拌的諧音外,還希望與客人保持良好互動,成為彼此的羈絆。

由於兩人原先都並非餐飲業出身,因此在開店之前,Nick 去不同的餐廳內場學習出餐的前置作業,KuoKuo 則到知名餐飲企業學習外場的應對,將打工學到的內外場經驗實際應用到小良絆。考慮到台灣的夏季時間較長,再加上 Nick 的親戚家是製麵廠,於是想延伸家裡既有的原物料資源,運用台灣食材做涼麵小吃。最初在為店面選址時,沒有找到適合的位置和店面,便以腳踏車 Cargo Bike 的方式販售試試品牌的水溫,由於兩人個性較為保守,在做每件事之前都會事先規劃,並將所有必須列入考量的點,自然對於開店創業也是採用一步一步來、循序漸進的方式進行。經營腳踏車餐車一年多之後,抱持著不希望被金錢追著跑的理念,找到目前位於赤峰街巷弄的店面。

Step 3

開在哪裡

離開紙上談兵階段，開店的第一步就是「找到店面」，找店面的原則是要根據目標客群所在區域以租金預算，尋覓合適的開店區位。一般可透過房屋仲介，或自己透過租屋網站尋找，若想或第一手情報，最好親自去理想開店區域勘點。

大型的店面和主要道路兩旁的店面租金通常比較高，因為人流較多，也較為顯眼，但須注意行人徒步可及性，與用餐時段人群多寡。但小型餐廳，其實並不適合在車流較多的大路上，大馬路的第一條、第二條巷子反而更容易聚集人群。

對於租屋契約簽署，有兩點要特別提醒：

第一，在簽署契約前一定要確認清楚了解合約內的每一條項目，如果有疑慮的地方，最好請律師審查。

第二，一定要確認收支，在簽約之後就是產生押金、保證金、首次房租費用等等，而這個店面也會決定你的基本營業額、初期投資額、開業後的營運費用、借入總額等，將是日後每月的固定開銷，如果判斷錯誤，將對日後的經營造成極大的問題，不可不慎。

芭廚快餐車
（現為謝謝 xiexie 美式早午餐）

餐車開在媽媽經營餐廳的騎樓，接水電都方便，也比較好溝通。

女子餃子

店面是自己家的，租金壓力較小，就想要「試試看」，雖然租金
稍微減輕，但家人的關心也是一種壓力，但確實能投注資源在其
他部分。

Step 4

預 算 與 目
標 設 定

開一家店要花那些費用呢？

店鋪的取得費用

首當其衝要先拿出第一筆的就是店鋪的租金費用。一般來說租店
面需繳交約兩個月左右的保證金，而為了不讓資金空轉，租屋之
後就是如火如荼的進行裝潢，一般裝潢期約一至二個月，加上設
計差不多就是二個多月的時間，也因此為了這段裝潢期必須準備
一筆周轉金，而有效率的設計與施工則可以節省不少店面的租金
費用。

內外裝潢費用

硬體預算裝潢硬體費用是開店最大筆的支出，這筆費用包括了設
計費、監造費與工程費用，在開業之初必須審慎的評估，硬體預
算較難在租到店面之前估算，但也應該有大致的預算上限，而如
果已經租到店面，請設計師做預算概估就會更為精準。

一般來說，軟體系統，例如：弱電系統（POS 系統、音響、保全、
監視系統等）通常不會包含在裝潢工程裡，因為這些東西通常跟
隨著營運的邏輯，由專業的廠商負責，請事先找好配合的廠商，
再跟工程方協調進場時間，有時也可以請設計師介紹，無論如何
都應該要在試營運時就可以上線。

設備與器具費用

廚具設備可以在開店之前，先洽詢設備廠商詢問，並依據菜單與
出菜的要求來規畫，盡量在找到地點的同時一起請廠商評估設
計，此外餐具也是大筆的費用，可以去專門販賣商用餐具的店面
挑選。

至於成本和獲利，主要有兩個公式可計算：

成本＝材料成本（Food）＋人事費（Labour）＋租金（Rent），不應超過營業額的 70%。

營收＝來客數 X 顧客平均消費金額

由於不同餐飲業之間可能的支出不盡相同，只要把握大原則，加以修改出適合自己的商業模式即可。

Step 5

建構硬體

開始裝潢，就是資金大量快速消耗的開端！

設計的時間則應視店面設計複雜度調整，市區一般房東給的裝修期為 1～2 個月，一般設計師設計時間也需 1～2 個月之間，除非之前開過類似的店，不然這個時程很難縮短，縮短的代價就是品質或精緻度，必須要自己衡量，施工期一般也抓 1～2 個月，因此會有一段只出無入的時期，這一點是必須要考量的。

決定店面之後，為了節省時間，能越快進入裝潢階段，當然是越節省資金的運用，也建議能在找店面的同時就先想好要怎麼發包工程，以下是常見的方式，可以依照自身需求選擇。

自己設計與發包工程

小型的店家或個性小店通常有可能會自己設計，但由於政府的相關規定與環境衛生的法規越來越多，稍微複雜或坪數大的店，建議還是找專業的設計公司來設計。

如果因為案子很小或是預算有限，建議至少要找平面設計師設計CI 系統，找一些參考資料提供給專業的工程公司。小型的案件可能沒有施工圖，必須親自監工，依靠現場調整，建議是盡量簡單的裝修，把品質做到好，一般的施工工班並不了解設計美學，很難做出非常複雜又美觀的東西，室內則可利用傢具與擺飾增豐富度，應該就能有一定的水準。

請設計師或專業工程團隊統包施工

委託設計師監工與施工的風險比較小，但是也不能保證施工的過程絕對沒有問題，如果遇到設計上的問題應該與設計師討論，客製化的東西難免會在工地遇到一些狀況，但是有設計師的好處是，可以立即請設計師評估，再請工程方修改。設計師與統包都是專業顧問，這些都是開店時的共同夥伴，請接納他們的意見與忠告。

一點 / 酒意 1.91

免鎖角鋼組裝便利，耐用耐操，價格相對便宜，是許多小店在收納及製作傢具時的選擇之一。

麵微涼

一開始店主突發奇想自己動手做椅子，能有多難呢？大概用了半年之後，明顯開始搖晃，用鐵片補強隔一陣子還是會晃。最後請專業木工製作，才知道原來椅子是有「結構」的，新製作的一批椅子就十分堅固耐用。開店就是會一直學到新東西，只是要繳一點學費。

對設計裝潢店面的延伸指引

一、怎麼找設計師？

管道 1：親友、同事推薦

最傳統的做法就是高聲一呼向周遭親友及同事探詢曾經合作過或認識的設計師。通常會想要再推薦給別人的，表示彼此互動應該良好，且對設計師也有一定的信任，除了從推薦人口中去了解設計師，也要看看這位設計師的作品、網路評價，如能到正在施工的現場參觀更好。

管道 2：裝修類雜誌或網站

想了解室內設計師一定要看過他的作品，裝修類雜誌上介紹各式設計風格的室內設計師。會上雜誌的作品，一定是設計師最滿意，光從一次作品是無法看出設計師的品質及設計風格，建議若要從雜誌上或網路找設計師，不妨多觀察，看看他的作品穩定度，再做決定。設計家網站上有數百位設計師的作品，是做功課很好的起點 http://www.searchome.net/。

管道 3：詢問喜愛的餐廳設計是做的

如果有自己很喜歡的餐廳，不妨直球出擊直接問老闆是找設計師設計的嗎？是的話可以進一步多看該位設計師的作品，也能聊聊裝潢店面的經驗談，或許能附帶獲得許多意料之外的資訊。

二、發現和設計師不太對盤，該如何面對？

也許是因為不好意思或是怕自己提的問題不夠專業，很多人明明不喜歡設計師的設計或對設計師的規劃有疑慮，卻不敢提出反駁，等到要動工了或已經完成了才說不喜歡，這對設計師也是很大的困擾。會找室內設計師就是因為自己不具備這項專業，所以不要怕提出問題，還有使用空間的人是你，不是設計師，不必勉強自己接受不喜歡的設計，只要態度誠懇設計師是樂意接受的。

不要一開始就急著丈量，不妨跟設計師多聊幾次，透過設計師提供的圖片或實際去參觀設計師裝修的空間，了解設計師的想法，再規劃平面設計圖。若規劃出來的平面設計圖經過第二次修改還是無法自己滿意，這時建議就要趕快喊停了。

三、和設計師合作，如何保障自身權益？

簽訂合約是最好的保障，室內設計合約包含「設計約」及「裝修工程約」，若只找設計師做設計規劃，就要簽設計約，設計約的內容包括主約及所附的設計平面設計圖、立面圖、水電等所有施

工裝修工程圖、各工種估價單、施工說明表、裝修工程進度表，主約中最重要的是要明定設計師必須到場跟施工單位說清楚裝修工程施工方式，不只是給圖而已。

若裝修工程也交由設計師負責，除了設計約外，還要再簽裝修工程約，有些設計師會合併成「設計裝修工程合約」，合約內容包含了設計約的項目，還要加上裝修工程驗收表，工種估價單要改成正式的報價單，裡面要明列使用建材的品牌及確實的價格。在主約中並在將雙方權利義務說清楚，包括設計師每日一定要到場監工、裝修工程的保固期限、設計師的售後服務、完工時間並將裝修總金額寫上，明定預算追加條件及糾紛發生時解決的方式，合約內容越完善，越能保障自身權益。

四、委託設計師設計施工，會有那些費用？
設計階段：設計費

通常以坪為單位計價。設計、畫圖都是有價的，若要找專業設計師協助，這項費用不能省。

施工階段：工程費及監工管理費

「工程費」是依據設計、施作項目列出的估價單，包含建材、設備、工資等。

「監工管理費」是業主委由設計師在工程施作業期間代為監看工程進行所必須支付的費用，若工程有問題也全由設計師負責解決，這筆支出主要用作為與工程進行之溝通、流程掌控、品質控管與車馬費等支出。

按總工程費的 % 數計算，是目前較多設計公司所採用的方法，採設計、工程、監造分離來計算。一般來說，監工管理費會佔總工程費的 5%～ 10%，但仍要看工程的大小及複雜度；愈複雜、工程項目愈多，監工管理費的比例也會比較高。

Step 6

經營行銷甘苦談

利用自媒體向外發聲

經營 Facebook 粉絲專頁，善用即時訊息回覆、顧客打卡功能
Google Map 的餐廳地址登記、360 店家室內全景預覽
Instagram 的圖像行銷、美食照片宣傳

籌備了這麼久，要如何讓大家知道，你的店開幕了呢？

新店開幕，找寫手、部落客來寫，找行銷顧問公司、報章媒體雜誌來採訪，都是可行的，不過這些只有一時的效果，如同打一劑強心針，藥效一下子就過。尤其是現在資訊越爆炸，訊息反而越容易被稀釋掉，大量的曝光卻無法在每一篇文章中呈現出差異化，淪為業配文的形式，讓閱聽者的信任度降低，媒體行銷反而不及自媒體（FB、IG、Blog）、網路行銷有力道。

在口碑行銷之後，即是熟客的經營，而這也是現在非常多的店所無法做好與掌握的。同樣也是因為資訊流動的迅速，店家能快速的讓消費者認識、看到、找到，但也因此疲於每日大量的客人，客人大量來、大量走、大量來、大量走，店家與顧客之間也沒有情感連結，所以顧客日流回訪變小。

麵微涼

在 2016 年 1 月霸王寒流期間,涼麵的生意也跟著寒流急凍,麵
微涼在自家 FB 推出了一個企劃:店內現在溫度幾度,涼麵一份
幾元,引發熱烈討論,還有人問如果是零下呢?「那當然是你出
門吃麵,我們倒貼你囉」,效應之大,還在媒體報導全台各地霸
王寒流新聞中博得版面,除了免費的宣傳效益之外,對店主最大
的鼓勵是,家人看到這個報導時,改變了對開店這件事不看好的
想法。

每個月賺一成，成本這樣分配

開店之後，如何運轉才是真正考驗經營能力，在擬訂計畫表時，淨利至少需為營業額的一成，主要分成每個月會更動的浮動成本與不會改變的固定成本兩個部分，以下表格可供開業後的資金運用分配之參考。

浮動成本	食材		料理成本	共25%
			飲料成本	
	人事費		員工人事費	共30%
			兼職人員費	
			獎金	
			退休金	
			勞工保險	
			健康保險	
			徵才費	
	雜支	水電瓦斯	電費	5%以下
			瓦斯費	
			水費	
		行銷費	廣告宣傳費	3%以下
			促銷費	
		其他	消耗品費	7%以下
			事務用品費	
			修繕費	
			通訊費	
			權利金	
固定成本	店租		店租、公共費用	10%以下
	初始條件		折舊費	10%以下
			利息	
			租借費	
			其餘人事費	

開業企劃書

在確定開餐飲店之後，終結上方所説，我做了下方的表格，希望你能夠更確實的將腦海裡的想像填寫出來，這張表格不但能讓自己更了解規畫是否完善，也能讓合夥人與設計師及參與其中的所有人更了解未來發展與規畫。

業種（業態）	
主題／概念（特殊性）	
經營理念	
參考店家	
品牌識別系統CI（企業內外統合）	
產品／菜單	
餐點價位範圍	
顧客用餐流程	
廚房營運邏輯／出餐流程	
外場營運邏輯	
總體預算	

↑ 簡易開店企劃表格

開店創業，理想與現實的距離
concept

專業諮詢 _ 開吧 Let's Open 魏昭寧

根據臺灣中小企業的統計數據，一家中小企業達八成無法超過 5 年，透過這個數值來開店這件事，平均只有 20% 的成功機率，也就是 10 家店中，能撐過 5 年的，可能只有 2 家左右，另外 8 家在開店 5 年內就會面臨困境，最後轉手頂讓或以關門歇業收場。餐飲服務業因其進入門檻相對低，近年也出現許多餐飲新貴，讓許多人躍躍欲試想一圓創業夢。

餐飲創業領域，一直發展蓬勃但少有平台討論，這實在是因為左右「成功」的因素實在太不可控了，開吧 Let's Open 的魏昭寧分享，就連餐飲界的前輩先進，都常說成功是運氣的成分居多，一樣的規格條件、不同的時機，或相同的條件與時機但人不同，結果都不一樣，在餐飲業、或說在創業想找出成功模式，幾乎是不可能的任務，因此，能否堅持到市場站在你這邊的那一天，是其中非常重要的關鍵。

魏昭寧觀察投入餐飲創業者，可以概括分成三種族群：一是預算資源多，創業為做想做的事；二是有明確目標，會縝密計畫一步一步前進；三則是賭一把、試試看能不能賺錢。如果只是存著碰運氣的心態，想像可以透過開小店攤賺錢，現實通常會是震撼教育。他給想投入餐飲創業的人三個建議：一、認清自己的創業性格；二、選對適合自己創業性格的商品；三、經營的邏輯貫徹一致。

創業性格決定商品類型

會想投入餐飲創業，可能本身是料理職人，或是看到市場趨勢。職人性格中把事情做到極致的專注，有時不一定能符合投資報酬率，如果是日本料理師傅想開一家日料店，建置成本相當高，但若是回歸產品面思考，往用餐頻率高、獨特且相對平價的商品切入研發出「平價料理的最高級」，有機會先進入市場取得一席之地。如果是對市場敏感的人也想賺快錢，可朝流行餐飲業發展，不過這就要果斷、效率、趁著崛起的風潮進入，同時見好就收，會講沒行動也不會有結果。若是創業性格與商品配錯對，往往是難得一個好結局。

愛你所選，貫徹到底

創業建置前期，都在構想擘劃，當店開幕的那一天起，才真正進入考驗。不管做了多少的準備，劇情發展會不會照創業計畫書的劇本走沒有人知道，只能堅持做你做的事，讓市場決定。這聽起來看似悲觀，但箇中奧義在於「堅持」，開店不是一時，原本設定要做日式刨冰，開了一星期生意不佳就改變方向，這樣消費者該怎麼認識並信任這家店？經營的過程考驗邏輯的一致性，持續經營一個市場，有的市場大、有的市場小，但只要那個市場的消費者越來越多人注意到你，生意就有機會「做起來」。

最棒的生意是發自內心開心做

賺錢卻不快樂甚至賠了健康，這樣當老闆有什麼樂趣？創業是一種挑戰，也是深度認識自己的方式，創業的理想與現實，就像挖掘自己內在的過程，越來越了解自己之後，現實中的考驗就變成實現理想必經的打怪升級之路，當這些事越來越不是事，你就從想做老闆真的變成老闆了。

PART 4

吃 喝 小 店 攤 專 訪

把 工 作 和 事 業 過 成 生 活

開一家店，做喜歡的事，是許多創業者的初衷，不論是被現實逼到了臨界，或是找一個回鄉生活的方式，還是一圓理想的起點，「開一家店」從一個想法，轉化成計畫，且真的落實、開幕，而能夠經營上三到五年甚至更長，過程一點都不簡單，也沒有什麼喘口氣、偷個閒的時間，開店創業之路一直有東西要學。本單元收錄書中採訪的小店攤老闆用心經營，把握機會的心路歷程與分享，即使現在是一個小攤、一輛餐車、一家小店，在他們心中，早擘劃了自己想要生活的願景。

Holy Hsieh 芭廚快餐車 (已開實體店)

小巷裡的深藏不露的大內高手

\# 飲品
\# 輕食

吸睛亮點

一氣呵成的車體其實為兩截設計，打烊時「對折」收攏，完全不占空間。

身為老闆兼大廚的謝小姐，運用諧音梗以「Holy Hsieh」為店名，不僅幽了自己一默，也加深了小店的品牌印象。而這比照國外快餐車的經營風格，正是老闆自美國波特蘭「法國藍帶廚藝學校」取經的成果。以古巴三明治為賣點，當初以9萬至14萬造價，委託台中后里的老師傅量身打造的異國風小攤車，也為基隆原本沒沒無名的小角落增添了不一樣的風貌。

2018年底從餐車轉為實體店「謝謝 xiexie 美式早午餐」繼續服務舊雨新知。

地址　基隆市中正區義二路 2 巷 10 號
電話　0910-507941
FB　謝謝 XieXie 美式早午餐

小日子 Cafe

框景下，人們的啜飲日常

飲品

小日子 Cafe 就像個戲棚，底下一眼望穿的兩幅框景，隨著巷弄裡來去的人們上演著劇情，只要上前點杯飲料，就能成為小日子裡的主角。小日子雜誌在創刊四年後，重新落腳在羅斯福路的老街廓裡，取了個又新又舊的名字──小日子商号。兩棟老厝在巷道尚未開拓前，原是連體嬰，如今變身為手足般的「小日子商号選物店」和「小日子 Cafe」。小日子 Cafe 如同雜誌選題，關照台灣細小的生活況味，選擇了在舌尖上起舞的氣泡飲，並結合本土水果與台灣好茶，創造跨越世代文化的絕妙滋味。

吸睛亮點　推開玻璃木窗，一如開啟小日子的 One day。

地址　臺北市中正區羅斯福路四段 52 巷 16 弄 13 號
電話　02-2366-0294
FB　www.facebook.com/onedaycotw

小良絆涼面專賣店

從行動餐車到小坪數質感涼麵店

 # 麵食　　使用當季食材並結合了「低溫烹調」手法，使台灣傳統小吃融入西式文化，有
了更豐富的樣貌與可能性。避開以往中式料理的重油重鹹，更接近現代人追求
的健康飲食。捨棄過往的餐車模式，透過店面的方式，讓造訪的人都能增添新
的情感記憶。在新的空間回憶舊的情感，這就是所謂的「絆」。團隊相信真正
羈絆是從與客人互動的那一刻開始一個難忘食物的滋味，是一個新舊交融的概
念，更是一個對生活的嚮往。2017 年在為店面選址時，沒有找到適合的位置和
店面，便以腳踏車 Cargo Bike 的方式販售試試品牌的水溫，不定點在南港內湖
科學園區販賣，經營腳踏車餐車一年多之後，落腳赤峰街開設實體店。

吸睛亮點　設計師加入台灣早期老件的施作工藝訂製窗框，而左右皆可推拉的窗戶，也
成為出餐的快速動線。

地址　臺北市大同區赤峰街 81 號
電話　0935-194-300
FB　www.facebook.com/bancoldnoodle

VEGE CREEK 蔬河－延吉店

相遇吧！長桌上的蔬食奇旅

\# 蔬食
\# 滷味

吸睛亮點

英文字母以中文型式排列，造出中西 Mix 的印章風格 LOGO。

十坪不到的店，長五公尺的木桌，人們吃著一碗碗香味四溢的蔬食滷味，有人在這裡交換名片，有人找回國小同學，有人遇見吃素的同好。「店的大小不是重點，重點是在這裡發生的事情，各種互動創造出來的價值。」蔬河老闆許淞堡從澳洲打工度假回來後，運用第一桶金和夥伴共創了蔬河，從第一間店到第五間店，室內設計都不假他人之手，木材是哪裡找來的，桌、椅是怎麼鑄造完工的，概念發想及裝潢過程，都能細說從頭。試圖翻轉「綠化」這冰冷的建築詞彙，以綠意盎然的蔬菜牆和健康養生的蔬食滷味，把綠化概念變成一條溫暖的河流（Creek），流經空間、淌入嘴間，落實綠生活的美味姿態。

地址 臺北市大安區延吉街 129 巷 2 號
電話 02-2778-1967
FB zh-tw.facebook.com/VEGECREEK

BRIDGISAN 橋下大叔

一鏡到底的街邊文青小吃店

\# 小酒館
\# 台式菜飯

說到底，三十而立，四人合夥開間「大叔屬性」的店，剛好而已。創辦人之一的徐政瑋解釋，這棟房子位在馬路相交處，正符合人們對街邊店的想像，加上位在新生高架和市民大道兩座橋下，便取名橋下大叔。最早立意僅是在街邊提供過路客簡便的餐食，如今因著文青感吃重的性格佈局、份量十足的台式飯菜，以及融合多元飲食文化的自創菜單，反而吸引更多「特地客」，周末傍晚用餐時間，人龍就逆著車潮在極窄的人行道上排起隊來。晚上九點，搖身變為深夜 bistro，數十種啤酒配上宵夜專屬菜單，再加碼獨家研發的手工甜點，不限時地讓你一路待到凌晨一點。

吸睛亮點 黑中藏綠的牆與門弱化曲折格局，門後藏著洗手間以鮮紅色驚豔視覺。

地址 臺北市中山區新生北路一段 62 巷 16 號
電話 02-2567-8904
FB www.facebook.com/bridgisan

饞食坊

台味老窗屋伴人夜夜解饞

小酒館

吸睛亮點

寄一瓶屬於你的酒，期待下回再聚首。

真的不是餓，只是嘴饞，不必山珍海味，但絕對要消解那坐立難安的「饞癮」。念電影的大仔，放下導演筒不拍片，找來大學死黨小安和鳴謙一同創業，既然大家都愛跑到大仔家吃他的獨門料理，乾脆開間解饞的店，主打經典傳神的台式小吃。集結迷戀的舊式玻璃花窗，大夥兒捲起袖子充當臨時木工，揮汗拼裝出充滿台味的「老窗屋」，每扇窗裡都能探見不同的風景，有時是客人酒足飯飽的神情熱映，有時是過往相聚討論開店事宜的畫面回放。夜深了，來碗麻而不辣的花椒麵？來份酥脆的鹽酥雞？安撫一下躁動的味蕾吧。

地址　臺北市信義路四段 30 巷 58 號
電話　02-2755-5859
FB　www.facebook.com/onedaycotw

臺北

BARONESS 小黑糖

結合輕食的精緻茶飲小館

飲品

開過輕食、也學過吧檯作業的老闆陳先生，觀察到消費者喜歡到咖啡館享用輕食、下午茶，但動輒上百元的金額並非經常消費得起，於是動念將手搖茶飲與輕食結合，對應商圈內上班族，輕食主打鮮奶吐司三明治，各式醬料皆為老闆自製，茶飲主打黑糖珍珠、多種黑糖飲品，甚至還有濃黑糖的比例。雖然賣的是平價餐飲，但品牌形象包裝延請詹亞珊帶領的設計團隊，從平面、CI 到空間設計皆以時尚精緻定位，選用深藍加黑調出品牌色系，搭配烤漆玻璃、茶鏡、鋁片烤漆、鐵件等材質，在控制預算之下又能營造出如精品咖啡館般的氛圍。

吸睛亮點 濃濃黑糖香味引人停下腳步。

地址　臺北市松山區慶城街 1 號 1 樓
電話　02-2514-9808
FB　www.facebook.com/baroness335

小王煮瓜

傳統好味道注入現代新面貌

小吃

小王煮瓜原名「小王清湯瓜仔肉」，是艋舺在地人的美味早餐，一碗黑金滷肉飯加上清湯瓜仔肉，就能讓人充滿為生活打拚的力氣。初代經營者王明雄人稱「小王」，退伍後從當過總舖師的父親身上獲得靈感，用豬後腿肉把辦桌與酒家菜中經典的瓜仔雞湯，改良成清湯瓜仔肉，而靈魂的湯頭依舊沿用來自屏東的老牌醬瓜罐頭「日光花瓜」調製湯底。

位於台北市華西街觀光夜市，2019 年獲得「米其林必比登推介」，把台灣夜市的傳統小吃「滷肉飯」與「清湯瓜仔肉」推上了國際舞台，2019 年底趁著米其林帶來的熱潮，順勢將經營了 40 多年的店面重新裝潢，成為華西街觀光夜市當中的一大亮點，也帶動了周圍店家加入改裝行列。

吸睛亮點 活潑獨特的攤車設計，加上升級後寬敞舒適的內用座位區，讓消費者得到別於傳統小吃空間的有感體驗。

地址　臺北市華西街 17-4 號
電話　02-2370-7118
FB　www.facebook.com/wangs.broAth

有時候紅豆餅

濃濃日式文青的精緻小店

\# 甜點
\# 飲品

吸睛亮點 以淡雅木質點綴，流露日式清新的自然氛圍。

以不論老少都十分喜愛的國民美食紅豆餅為主打商品，擁有廣大的客群，因此店主從自家宅院開始創業。而店主本身就喜歡日式的細膩和精緻，故運用日式元素為空間和店面風格定調，大量使用木質和留白的空間，營造悠閒自然的氣息，獨特空間氛圍成為熱門打卡景點，提升國民美食的質感。同時在營運上不僅經營社群網站，並透過異業合作的活動，增加曝光率，未來更打算進軍百貨駐點，觸及更多客群。

地址　臺北市延壽街 399 號 1 樓
電話　02-2760-0810
FB　www.facebook.com/sometimesbeans

胭脂食品社

山丘上的漬物坊

#醃漬食品

胭脂食品社的命名來自於「醃漬」的諧音，創辦人 Sharon 五年前收到了一箱朋友從台東寄來的梅子，幾個月後梅釀熟成了，味道極佳令人難以忘懷，從此著迷於此並開始了醃漬與釀造之路。起初只是玩票性的嘗試，漸漸有了心得，品項也越來越齊全，於是找到了志同道合、各有專長的夥伴們，正式推出以發酵醃漬食為主的品牌。胭脂食品社希望翻轉大眾對醃漬食物的刻板印象，鮮明而優雅的設計風格，一推出即受到許多年輕朋友的喜愛，雖然創立的時間不長，已累積出不少忠誠度高的消費者。

吸睛亮點　漸層手染布簾，隱喻以時間釀造的漸層滋味。

地址 臺北市大安區四維路 52 巷 12 號
電話 無
FB www.facebook.com/pg/Yanzhi.Taiwan

鹹酥李

打造鹹酥雞的新形象

炸物

將台灣常見的街頭炸物小吃重新設計，擺脫鹹酥雞攤油膩混亂的形象，以簡潔白色設計與類手搖飲店的點餐方式，並提供 8 種免費配料讓顧客選擇搭配，讓吃鹹酥雞變有趣了。雞肉全部採購「大成」的肉品，油品採用非基改的芥花油當炸油，並將「葷」和「素」分開炸，總共分三個油炸鍋，採用的爐心也是日本進口的，加熱特別快，再多的炸物下鍋，也不怕油溫下降讓炸物炸得不酥脆。

吸睛亮點　別於紙袋裝盛看不到料又容易濕黏，特製紙看起來更澎湃，吃起來更方便。

地址　臺北市大安區金山南路二段 211 號
電話　02-2358-7899
FB　www.facebook.com/siansuli1008

津美妙
用文創設計發揚台式小吃

麵食

吸睛亮點 店內以簡單的大面積潔白空間形塑整體的印象，賦予自然清新的舒適感。

地址 臺北市信義區松壽路 3 號 Commune A7
電話 無
FB www.facebook.com/scream.me.not

「津美妙」，店名分別取自三位懂吃、懂玩且懂生活的好朋友名字中的一字，由手工布設計品牌「儒家 LU+」主理人盧津姬，創意設計品牌「蘑菇 MOGU」設計總監李美瑜，以及「VVG 好樣」生活品牌共同創辦人暨「妙家庭廚房」食物研究設計主理謝妙芬，所共同創立的麵店，這群做了十幾年文創的店主們決定合夥開店的那一刻起，「希望傳遞台式小吃麵食文化，並用台灣經典素雅的碗盤與湯筷匙，讓好滋味乘載著精緻的美妙，將台式小吃在觀光熱點區域發揚光大。」

創業至今投入與多角嘗試，除了店內的既有菜單外，去年開發的酥心糖品也讓單店開始走向網路平台的販售，並且將相關的原料供應、物流配送透過網路做了完整的建置，像是明星商品蔥油開陽醬、椒麻花生糖、酥心糖品等，透過網路平台的販售，讓購買顧客能在家立即烹調甚至成為送給親朋好友的台式伴手禮品，也間接拓展了單店以外的行銷業務。

臺北

Congrats Café

品味咖啡更與古董傢具相遇

\# 咖啡

「最初，Congrats Café 是以攤車起家，後來有機會與專賣古董二手傢具的 VI Studio 異業結合，利用位於二樓的倉庫，轉而成了店面。」負責人林煜超（Super）說著。正因這樣的結合模式，店內許多傢具、裝飾來自 VI Studio，由於這些沙發、桌椅、燈飾皆是販售的商品，看似利用藉這些傢具傢飾來定義空間，不妨也說藉助它們替環境創造一次又一次的獨具韻味與表情，合夥人同時也是空間設計者楊焌賢談到，咖啡廳裡最核心地莫過於料理、吧檯與座位區的配置，在定義出各區位置後，便是考量如何「安置」這些傢具，讓客人每次到店都有新發現。

吸睛亮點 拉近座位之間的距離，創造客人彼此交流、分享的機會。

地址 臺北市大安區文昌街 49 號
電話 02-2700-6639
FB zh-tw.facebook.com/congratscafe.tw

Everywhere Food Truck （已開實體店）

餐車販賣不期而遇的手作美食

\# 輕食
\# 飲品

吸睛亮點

車門有如一般店面的看板牆，利用吊掛陳列傳達餐車精神。

熱愛料理的 ED 與秫緯，每天開著這台餐車，不定期出沒在臺北街道巷弄裡，販賣限量美食外，也落實他們的街頭計畫。ED 談到當初與秫緯想推廣餐車美食時，不像多數人選擇從發財車或貨車進行改裝，而是幾經搜尋，選定福斯 T3 經典車款作為餐車。因餐車空間有限，扣除前端主、副駕駛座，可用空間就剩下中後端部分。中間區塊是餐車的主要核心，在這個區塊他們像餐廳一般設有前、後台區域，前台是 ED 負責點餐、取餐的地方，後台則為秫緯料理食物的區域；至於餐車的最後端則是作為置物區，提供擺放當天新鮮食材或其他物品之用途。

地址　台北市大安區光復南路 420 巷 21 號
電話　02-2704-6825
FB　zh-tw.facebook.com/everywherebc

臺北

師園鹽酥雞

新舊融合規畫打造台灣 TOP 小吃

\# 炸物

夜市老攤變成活力食堂，內外動線都需一併考量。餐車的機能經由設計 level Up，創造更俐落乾淨的食物製作環境，而新增的室內用餐區，賣點在：提供一個可悠閒坐著享用鹹酥雞的全新消費體驗。想要稍事休息的食客們，只要點餐達最低消費金額，即可入內挑選自己喜歡的位子，坐下來大啖鹹酥雞。木桌搭配紅色椅腳的訂製椅，放在白色為主的空間，明亮又溫潤，瞬間從混雜熱鬧的街道中跳脫出來，讓人忍不住多看幾眼。2019 年在西門開設分店。

吸睛亮點 分三段規劃用餐區域，前端近茶飲點餐區的「立吞區」，中段的「吧檯區」及後段略具隱密性的「包廂區」。

地址 臺北市大安區師大路 39 巷 14 號
電話 02-2363-3999
FB www.facebook.com/ShiYun23633999

AMP Café

空間一如咖啡的質樸自然原味

\# 咖啡

吸睛亮點

格柵設計從室內延伸至室外天花板，相同的材質與設計，強調裡外氛圍的一致，也有突顯店面的吸睛效果。

六坪的店面傳來讓人停下腳步的咖啡香，這裡空間不大也沒有太多座位，但一杯好咖啡，就是有讓人即便沒有座位，也願意外帶回家慢慢品嚐的特殊魔力，但不免好奇，老闆為何不像一般咖啡館一樣，找處可以容納更多座位的空間經營。「只想單純做外帶就好」是老闆最初的想法，因此空間不用很大，唯一需要的就是工作吧檯，但在開店前和幾位有經驗的前輩討論後，才決定調整原來的計劃，最後以外帶為主，在有限的空間裡規劃少量座位，提供客人短暫的停留與休息。

地址 臺北市大安區仁愛路四段 409 號
電話 02-2752-1221
FB www.facebook.com/ampcafetw

臺北

草山蔬菜

用燈光與手作畫展現蔬果鮮度

食材

台北市的士東市場向來是天母區域許多日籍婦女每天必須前往採買的地點。裡面店家攤位多，老闆說：「正因為多賣給外國人士居多，蔬果的新鮮度非常重要，相對單價也比其他傳統市場來得高些。」而決心要大刀闊斧的調整攤位設計與空間，除了受周邊攤位自掏腰包改造外，台灣知名服裝設計師黃惠玲也有意協助幫忙，為了強調蔬果豐富的顏色與新鮮度，僅加入簡易的燈光設計，及手繪圖案的麻布材質來妝點，再經由蔬果重新排列，就讓來往客人眼睛為之一亮。

吸睛亮點　透過統一陳列道具，市場攤位也能質感出眾。

地址　台北市士林區士東路 100 號士東市場 112 號攤
電話　02-2833-8811
FB　無

三年九班豆工廠

運用木質創造收納改造老攤

食材

士東市場是台北市士林區的重要傳統市場，這間民國 69 年就開業的「三年九班豆工廠」已是第二代承接，由於位在市場裡，儘管有著店面式的攤位，但因銷售產品眾多，攤放在桌面上琳琅滿目，稍顯雜亂，後方工作區因收納不足雜物堆積。由美好關係團隊引介，來自杭州的合藝建築設計執行董事金捷，在了解販賣食品及老闆作業需求後進行調整。因豆製品是天然食物，因此以木作為主要材料，整個攤商牆壁刷上墨綠色，以突顯豆製品的淡黃色，並於牆面掛上回收木箱，除了增加展示收納空間，更加入綠意植栽強調新鮮與自然。

吸睛亮點　用木箱、小竹簍、玻璃瓶等容器陳列，小木牌寫上商品名稱，檯面陳列清新有序。

地址　台北市士林區士東路 100 號士東市場 39 號攤
電話　02-2832-8699
FB　無

吃糆《辣椒板麵》

突破傳統麵食口感找到市場缺口

\# 麵食

投入開店創業，「喫糆《辣椒板麵》」創辦人謝松穎與劉詩幃選擇從台灣麵食切入，幾經思考後他們從突破食用乾拌麵的口感著手，以在地材料研發出醬料與配料後，並搭配台式麵條，這不僅能一起吃到配料與麵條所帶來的特殊口感，亦能品嚐到豐厚的香氣。

兩人是自高中就相識多年的朋友，餐飲科畢業的謝松穎曾任職過餐廳內場，之後則轉入業務性質的工作；而自小家裡也曾經營過炸物攤生意的劉詩幃，在進入職場時，同樣也是投入業務工作，正當劉詩幃在從事業務工作近十年後，動起了創業念頭……劉詩幃說道：「工作投入了一大段時間後，總會思考著難道就要將它作為終身職業了嗎？我們在某次聊到這個話題後，進一步發現到，彼此都有想轉職、開店創業的想法，於是便決定一起合作朝創業路前進。」

吸睛亮點 廚房料理區規劃為半開放式，既能正客人保持互動，亦能隨時關照他們的需求。

地址 桃園市中壢區慈惠三街 30 巷 10 號
電話 0913149-148
FB www.facebook.com/Chimain3010

幸福堂

靠黑糖珍珠鮮奶紅遍海內外

成立於 2018 年的幸福堂，由新竹城隍廟周邊一間小小的街邊店發跡，不過 1 年多的時間，即成功打響知名度，站穩黑糖珍珠鮮奶品牌之領導地位，其據點分布全台各地人潮聚集區；甚至同步積極搶佔海外代理市場，截至目前，包含已開設及籌備中分店已突破 100 間，遍及大陸、港澳、東南亞與北美主要城市，且數量持續穩定成長中。

飲品

吸睛亮點　籤詩的互動概念，為原本單純的消費體驗增添樂趣。

FB　www.facebook.com/xingfutangtaiwan

丁山肉圓

品牌再造傳承經典口味

\# 小吃

1909 年創立至今，已有 111 年歷史的丁山肉丸，是台中第二市場一帶重要的在地小吃。第四代接班人孫裕傑接手後，替店鋪導入整體形象，用設計替品牌寫出不一樣的味道，讓百年老店的經營能與時俱進，滋味持續飄香。

2017 年回到台接班至今，孫裕傑其實也極積地向外合作，2018 年就曾與誠品西門町店合作推出快閃店，把道地的台中小吃帶到台北，讓更多人知道。「快閃模式除了再次打響品牌名號之外，另也想測試北部市場的水溫，作為日後擴展的一個參考值。」他坦言原本 2020 年有意往北部發展，但突如其來的疫情問題，讓展店計畫稍做暫緩，待接下來整個疫情更趨穩定時再進行。

吸睛亮點

重新改裝過後的用餐空間更為寬敞舒適，邊享用也能邊拍照打卡，更不用擔心會影響到鄰桌客人。

地址　臺中市中區台灣大道一段 370 號
電話　04-2226-4409
FB　丁山肉丸

好之麵線
注入台灣傳統建築魂的特製攤車

曾為職業軍人也學過設計的老闆吳文智，退伍後希望能留在家鄉工作，便在朋友的建議下開始經營「好之麵線」，而過去的設計背景，讓他不甘於一般的攤車設計，不僅親自草擬設計草圖，為了加深與家鄉地的連結，甚至特地前往台中霧峰林家取材，將台灣傳統建築的燕尾與樑柱元素納入攤車造型，吳文智透露，特製攤車其實最不容易的地方在於木工執行，當初花了好一番功夫才尋找到願意依設計圖施作的木工師傅，自身設計結合師傅在結構上的專業經驗，最後才完成這頗具古意的特色攤車。

吸睛亮點

不僅配料碗、醬料罐皆扣緊復古主題，特別放置了個充滿玩心的古玩箱，在小攤用餐也氛圍十足。

地址　臺中市南區學府路 102 號
電話　無
FB　zh-tw.facebook.com/azero100

臺中

花山家宣飲麵鋪

文青風複合式麵店

\# 麵食

麵食，在台灣小吃中具重要代表性，料理、作法稍不同便能創造出多樣的味道，更能滿足一日三餐所需。相中其市場潛力的清吉堂餐飲有限公司品牌執行長賴尚緯，一直不斷在思考進入麵食戰場的切入點，最終以乾拌麵結合茶飲的複合式麵館打入市場，更以充滿文青風、復古感的設計包裝店面，徹底顛覆傳統麵店印象。2018 年成立的花山家宣飲麵鋪，以「千里相逢來杯茶，花山有戶好人家；茶香拌麵道人情，噓寒問暖花山家」作為品牌 Slogan，是間專賣麵食與飲品的複合式麵館，透過重新詮釋方式把傳統古早味做不一樣的呈現。

吸睛亮點

LOGO 以洛神花為主軸，識別圖案、用色則從台南汲取靈感。

地址 臺中市西區日進街 136 號
電話 04-2329-3791
FB www.facebook.com/huashanjia

嗎哪關東煮

食材陳列出巷裡的繽紛風景

\# 小吃

源於對信仰的單純出發點，林桉嫻希望工作能同時兼顧生活步調的彈性，便在朋友的建議下經營起了嗎哪關東煮，「嗎哪」為《聖經》中上帝賜下的神奇食物，每天於清晨降下且必須當日吃完，否則隔夜即會生蟲變臭，象徵著林桉嫻對於關東煮食材新鮮度的堅持，每天擺出的新鮮蔬果及手工丸類就是巷裡的最佳招牌，下午 4 點開店前便會有顧客在外等候，而豐富多樣的蔬菜選擇尤其受女性歡迎。

吸睛亮點 「為暗巷點亮一盞燈」是林桉嫻對於嗎哪關東煮的期許。

地址　臺中市西區美村路一段 164 巷 15 號
電話　04-2301-0901
FB　www.facebook.com/manna225

盛橋刈包

導入食物設計，打造品牌體驗驚喜

小吃

吸睛亮點

創新刈包口味「太妃糖麻薏冰淇淋刈包」

擁有 7 年的餐飲資歷，加上曾任職於文創公司總監，Snapple 的創業之路起步雖不算早，卻走的穩健有力，原因在於她了解餐飲界生態，並勇於開創自己的客群。數年前，一段生活在泰國的時光，讓她感嘆到為何對方能在保有本土菜系味型之於，又能活躍結合新概念，持續延伸各種創意料理，相較之下，台式料理也有多元且豐富的文化，甚至在庶民小吃這塊，各縣市皆有擁護的在地口味與特色，大多卻只能以「銅板小吃」的型態辛苦經營著；加上她發現台式小吃相較其他菜系，有著更明顯「傳子不傳賢」的守舊觀念，造就口味跟經營模式無法與時俱進、邁向升級，最終只得吹熄燈號的種種原因，促使 Snapple 致力將台灣小吃進行「餐飲都更」，首先便是藉自創品牌提倡「價值導向」的革新。致力把台灣小吃加入靈魂跟氣質，走出小吃新體制；品牌善用台中在地老字號食材與原物料，並結合在地口味與新創吃法，顛覆傳統刈包新味蕾。

地址　臺中市中山路 26 號 1 樓
電話　0903-402-778
FB　www.facebook.com/bashibao

糯夫米糕（已開實體店）

單車上的麻油米糕飄香街頭

小吃

阿公早年載虱目魚的腳踏車，阿嬤米糕的兒時滋味，加上路上偶遇的流浪柴犬 mochi，一台腳踏車、一隻黑狗和一桶米糕在糯夫老闆劉雨樵的腦海中，形成了一個流浪的畫面。糯夫利用「懦夫」的諧音，賣的是糯米的米糕，鮮明的印象就此展開。糯夫在臉書上的超高人氣，以現代網路行銷取代傳統流動攤販叫賣經營，隨著臉書公告上路地點與時間而累積排隊人潮，最初一天 20 碗米糕，到了後來一天可銷售 70 碗，目前已拓展開發宅配市場，並於 2020 年 4 月開設實體店，未來期望將糯夫塑造「品牌」，打造成為台南學甲的家鄉名產。

吸睛亮點

過去以腳踏車販售的景況，如一幅緩慢行進的移動風景。

地址　臺南市中西區府前路一段 359 巷 22 號
電話　無
FB　zh-tw.facebook.com/nuofuliou

和興號鮮魚湯

端得上檯面的台南魚湯

\# 小吃

前身為 1999 年成立於台南公園路上的鱻魚店，2017 年重新回歸、同樣主打鮮魚湯，主要使用海鱺、龍膽石斑，每一碗湯、每一道菜都是為家人烹煮的心情來款待客人，加上透過品牌形象的重新建立，讓庶民小吃精緻度與舒適性再提升。品牌轉型不僅僅是騎樓小攤轉換為簡約溫暖、活力的氛圍，餐點設計也重新作了一番調整，但仍緊扣三大原則——天然、新鮮、健康，保留南部獨有經典的「西瓜綿魚湯」，將遵循古法天然釀造的西瓜綿加入鮮魚湯底，微酸卻又回甘的滋味，在炎熱夏季相當開胃。

吸睛亮點　以傳統廟宇抽籤的靈感做為筷套，打開後分為大爽、中爽、小爽籤詩，開動之前不妨試試手氣！

地址　臺南市中西區忠義路二段 49 號

電話　06-221-5257

FB　www.facebook.com/hohsinfishsoup

小金麵店

簡單一碗令人回味的麵食

麵食

「時代巨輪不斷轉動，人們能抓住的只有簡單的幸福。」，創辦人金衍忠原為金融業的投資理財專員，轉換跑道以此為開店的核心理念，並且從家鄉台南的在地特色：小吃、古蹟、老宅，以及最重要的「人情味」出發。由老宅改造而成的店面保有傳統的建材元素，並以文青風格顛覆了傳統麵攤的形象，純白色調的門面予人平易近人的感受，使人能毫無負擔的推進門來享用一碗簡單樸實的麵食。

吸睛亮點 店面末端的台南霓虹字樣，顯示出小金麵店以台南本地為出發點的核心精神。

地址 臺南市民權路二段 106 號
電話 0910-772-969
FB www.facebook.com/kingsnoodles99

臺南

小丫鳳・浮水魚羹

從店名到視覺步向年輕化

小吃

吸睛亮點

招牌的浮水魚羹保有經典的好味道，新增加的品項如：煎餃，也是店面中暢銷的餐點之一。

台南保安路名店阿鳳浮水魚羹的二代店，以日式清新的風格呈現二代經營的嶄新面貌，從空間、器皿到擺盤皆有別於傳統小吃攤，提供顧客更為舒適的用餐環境，雖為二代經營，卻沒有失去經典的好味道。位於台南中西區的「小丫鳳・浮水魚羹」，並非佇立於顯眼的大馬路上，低調內斂的門面設計，使人稍不注意就很容易錯過，儘管於地理位置上並無優勢，卻仍然有著一群忠實的顧客。作為保安路上赫赫有名的「阿鳳浮水虱目魚羹」的二代店，從店名的年輕化到用餐環境的升級，負責人林佳儒都展現了其對於延續家族事業的細膩巧思。

地址　臺南市中西區民生路二段 144 巷 7 號
電話　06-220-1239
FB　www.facebook.com/SHIAU.A.FENG

女子餃子

鄉村感圓盤餃子鍋燒麵店

小吃

距離駁二藝術特區不遠的大路邊，附近居民加上假日人潮，店租寸土寸金，店面常見分割出租，這處三坪大的店面夾在中間，是兩個好友經營，販售圓盤煎餃、鍋燒麵，不到 11 點已有客人來等開店，餐點口味想必受到肯定，而小小的門面卻以細膩木工作出鄉村風格的櫃台，並裝飾著乾燥花、三角旗等生活感的擺設，風格完全不同於左右同樣賣小吃的店鋪，漸漸做出口碑，平日外帶為主，假日則有不少排隊等內用的客人。未來目標是另覓更寬敞的空間採取複合式經營，提供更舒適的用餐體驗。

吸睛亮點 騎樓小吃攤座位，桌面醬料瓶及陳列佈置也講究細節。

地址 高雄市鹽埕區七賢三路 113 號之 2
電話 0975-629-456
FB zh-tw.facebook.com/Twins.dumplings

高雄

一點 / 酒意 1.91 (另開實體店)
揉合餐飲和展覽藝表演的空間

\# 小酒館　「集盒‧KUBIC」是高雄都發局策
畫的貨櫃聚落，盼成展覽、論壇、
共同創作與青年創業的複合性場
域，一點酒意正是第一期徵選進入
的 15 組團隊之一，也是唯一提出
結合表演展覽企劃的團隊，兩位不
到 30 歲的青年，各有餐飲及劇場
的背景，希望透過這個場域提供的
資源，將兩件熱愛的事合而為一。
以外梯串聯上下兩個貨櫃，一樓是
小酒館形式的空間，二樓則為不
設限空間，不收場租，歡迎苦無
地點發表創作的人使用，可做靜
態展覽及各種形式表演，透過客
製化互動調酒、野餐酒盒等企劃，
串聯各領域族群及各式各樣活動，
也承接各式活動畫展演企劃，給正
在萌芽的創作者「一點空間」。

吸睛亮點

貨櫃二樓空間保持彈性
變化餘裕，可做展覽、
小型表演，也是夜晚巨
型影像牆表演的投射基
地。

地址　高雄市苓雅區林泉街 38 巷 9 弄 5 號
電話　07-721-7091
FB　zh-tw.facebook.com/1.91theatre

九記食糖水 （另開實體店）

以地道港味為引子推廣文化

\# 甜點
\# 飲料

最初是在「集盒·KUBIC」中唯一的中式風格裝修貨櫃，2018 年搬至林南街現址，非常香港 style 的霓虹燈招牌十分吸睛，店內延續之前風格擺設獅頭、中藥斗等充滿故事的物件，經典港片梗在店內俯拾即是，老闆是香港人，因太太的關係移居高雄，花了一年多時間跟隨香港及廣州的糖水師傅學習，製作正宗吃得到食材的糖水，老闆坦言，在吃慣重口味的高雄推廣相對清淡健康的糖水是個挑戰，對他來說也是一個潛伏於市與在地人的交流機會，從店內空間埋藏的線索，引發客人對飲食及文化的好奇心，進而想了解達成推廣。九記是尋常的香港商號名，卻是老闆的原創品牌，取自太太的名字中的九，盼從口中品嘗的糖水，進而連結味道背後所累積的生活智慧與傳承。

吸睛亮點

從廣州訂製的滿州窗，是近代中西交流下的產物，彩色海棠紋玻璃引人注目，也是拍照熱點。

地址　高雄市苓雅區林南街 4 號
電話　07-223-2889
FB　www.facebook.com/Kau.Kee.Sik.Tong.Shui

屏東

一碗豆腐

臭豆腐也吹起日式和風

\# 小吃

吸睛亮點

從盛裝的容器到搭配的泡菜和辣醬,均獨樹一格的臭豆腐。

「不論從事哪種行業,心態和付出的心力不同,就會有不一樣的結果。」一碗豆腐老闆李嘉洺認為,賣臭豆腐的創業門檻雖然不高,但大街小巷到處都有人在賣臭豆腐,既然決定要賣,當然要做出自己的特色,才能在這個行業走的長久,於是他從設計到施工全部自己一手包辦,木製攤位和桌椅給人懷舊又具質感,搭配紅燈籠和一些小吊飾,總共花了十幾萬元,打造出這個略帶日式和風又具個人風格的豆腐小食攤。

地址　屏東縣屏東市濟南路 2-6 號
電話　0916-199318
FB　zh-tw.facebook.com/1wantofu

附錄 本書諮詢專家

力口建築

臺北市大安區復興南路二段 197 號 3 樓
02-2705-9983
sapl2006@gmail.com
www.sapl.com.tw

開吧餐飲顧問股份有限公司

lets-open.com.tw
service@lets-open.com.tw
02-2718-6758

曾建豪建築師事務所 / PartiDesign Studio

臺北市大安區大安路二段 142 巷 7 號 1 樓
0988-078-972
partidesignstudio@gmail.com
partidesign.pixnet.net/blog

達頓工程有限公司

新北市三重區五華街 7 巷 41 號

詹亞珊室內設計

0939-584-839

羅曼餐飲規劃設計 林先生

臺中市大雅區秀山路 348 號
04-2560-3488
www.midyroman.com.tw

向書中提供經驗談的小店攤主（以及婉謝曝光的小店攤主）致上誠摯謝意。

圖解吃喝小店攤設計：
從街邊店到移動攤車，品牌定位、設計、製作一本全解

作者｜漂亮家居編輯部
責任編輯｜楊宜倩
美術設計｜莊佳芳
插畫繪製｜楊晏誌・黃雅方
編輯助理｜黃以琳
活動企劃｜嚴惠璘

發行人｜何飛鵬
總經理｜李淑霞
社長｜林孟葦
總編輯｜張麗寶
副總編輯｜楊宜倩
叢書主編｜許嘉芬

出版｜城邦文化事業股份有限公司 麥浩斯出版
E-mail｜cs@myhomelife.com.tw
地址｜104 台北市中山區民生東路二段 141 號 8 樓
電話｜02-2500-7578

發行｜英屬蓋曼群島商家庭傳媒股份有限公司城邦分公司
地址｜104 台北市中山區民生東路二段 141 號 2 樓
讀者服務專線｜0800-020-299（週一至週五上午 09:30～12:00；下午 13:30～17:00）
讀者服務傳真｜02-2517-0999
讀者服務信箱｜cs@cite.com.tw
劃撥帳號｜1983-3516
劃撥戶名｜英屬蓋曼群島商家庭傳媒股份有限公司城邦分公司

總經銷｜聯合發行股份有限公司
地址｜新北市新店區寶橋路 235 巷 6 弄 6 號 2 樓
電話｜02-2917-8022
傳真｜02-2915-6275

香港發行｜城邦（香港）出版集團有限公司
地址｜香港灣仔駱克道 193 號東超商業中心 1 樓
電話｜852-2508-6231
傳真｜852-2578-9337

新馬發行｜城邦（新馬）出版集團 Cite（M）Sdn. Bhd.（458372 U）
地址｜41, Jalan Radin Anum, Bandar Baru Sri Petaling, 57000 Kuala Lumpur, Malaysia.
電話｜603-9056-3833
傳真｜603-9057-6622

製版印刷 凱林彩印有限公司　　定價 新台幣 399 元
2021 年 2 月二版一刷・Printed in Taiwan 版權所有・翻印必究（缺頁或破損請寄回更換）

國家圖書館出版品預行編目 (CIP) 資料

圖解吃喝小店攤設計：從街邊店到移動攤車，品牌定位、設計、製作一本全解／漂亮家居編輯部著 .- 初版 .- 臺北市：麥浩斯出版：家庭傳媒城邦分公司發行, 2021.02
　面；　公分
ISBN 978-986-408-653-5(平裝)

1. 攤販 2. 商店管理 3. 創業

498.91　　　　　　　　　　　109022329